JA読本

「農協法改正」への対応

総合JAの針路

―新ビジョンの確立と
開かれた運動展開―

JN139979

福間莞爾

はじめに

　今回のＪＡ改革・農協法改正は、問題が起こってからわずか１年余りの間のアッという間の出来事であった。それにしても、ＪＡ運動の司令塔であった中央会制度の廃止などの重要な改革案が、密かにしかも周到な準備を持って進められていたことをＪＡグループが事前に察知できなかったことは、誠に痛恨の極みであったというほかはない。中央会制度の廃止は、最大震度マグニチュード７以上の直下型大地震で、ＪＡへの影響は計り知れないほどに大きく、農協改革における、まさに戦後レジーム（体制）の解体といっても過言ではない。

　平成26年６月に政府が閣議決定した「規制改革実施計画」を皮切りとしたＪＡ改革に対して、ＪＡは、ＪＡ全中（以下、「全中」という）が策定した『ＪＡグループの自己改革』（以下、「自己改革方策」という、同年11月策定）で対抗してきた。しかし、この「自己改革方策」はとりわけ全中という組織の自己保身的性格が強く、有効な方策とはなりえなかった。また、反対運動も自民党への対応を中心とした内向きのものに終始し、ＪＡや組合員に開かれたものにすることができなかった。

　これは、改革の内容が自らの組織を否定する中央会制度の廃止というあまりにも衝撃的なものであったと同時に、短期間にことが進められ、変化のスピードについていけなかったことにもよる。このため、組合員はもとより当のＪＡにおいてさえ、一体何が起こっているのか理解することができないという最悪の事態を招いた。相手が国家権力という巨大な力であったことも手伝って、ＪＡサイドはこれまでのところ、されるがままという惨敗を喫してきている。そのことは、国会審議が始まる２月の段階で、政府から「准組合員の利用規制」か「中央会制度の廃止」かの究極の王手飛車取りの手を打たれ、全中会長は後者をとらざるを得なかったことに端的にあらわれている。

　今回の農協法改正において、政府側の意図はすべて実現し、この後、准組合員の事業利用規制と信用・共済事業の組織改編・事業分離という難問

i

が残されている。これらの難問に立ち向かうには、これまで進めてきた取り組みの総括と反省に基づく新たな方策の確立と運動展開が不可欠である。そのポイントは、「新ＪＡビジョンの確立」と、組合員に依拠し地域住民・国民を巻き込んだ「開かれたＪＡ運動の展開」ということになる。

なお、4月に閣議決定された農協法改正案は、さしたる議論もないまま衆議院本会議で成立した。本書の法改正に関する部分については、参議院での議論を含まず、衆議院本会議で成立した内容によっていることをご留意頂きたい。

本書は、今年1月に発行され多くの方々にご購読を頂いた、拙著『（規制改革会議）ＪＡ解体論への反論―世界が認めた日本の総合ＪＡ―』の続編で、第1部でＪＡ解体のねらいを、第2部で農協法の改正とその対応について述べている。本書が新たなＪＡ運動展開の一助になることを願う。

平成27年7月

福 間 莞 爾

目　次

はじめに

第1部　JA解体のねらい

Part1 「規制改革会議」のJA改革 …………………………………… 3
1．解体の意味とは
　　— 信用・共済事業の分離
2．農政の行き詰まりの責任をJAに転嫁
　　— 総合JA解体がアベノミクスの標的に
3．地域・農業・農村の更なる荒廃
　　— セーフティーネットの崩壊
4．国際的に評価の高い日本の総合JA
　　— 総合JAは日本の誇り
5．これまでのJA改革の取り組み
　　— JA合併は協同活動の拠点づくり

Part2 「グランドデザイン」を斬る …………………………………… 9
1．組織改編の「仮説的グランドデザイン」とは
　　— 農業専門的JA・会社的運営方法への移行
2．JA組織の将来展望①
　　—「農業」VS「農業＋地域」が基本的争点
3．JA組織の将来展望②
　　— 展望の見えない農業専門的運営の方向
4．准組合員問題
　　— 農業は農業者だけでなく地域の住民とともに支えられるもの

Part3　ＪＡの運営と組織の全体像 ·· 15
　1．全体像の内容
　　　― ＪＡの事業・組織運営の優位性を否定
　2．協同組合と会社組織の違い
　　　― 協同組合の独自性・優位性とは
　3．ＪＡと会社の組織運営の違い
　　　― ＪＡ組織のコア・コンピタンスとは

Part4　今回のＪＡ改革の争点・論点 ·· 21
　1．総合ＪＡか農業専門的運営か
　　　― 政府提案の最大の争点
　2．協同組合的運営か会社的運営か
　　　― 協同組合は人間の本性
　3．農業政策の対象は専業農家か多様な農業者か
　　　― 農業はほとんどが家族農業

Part5　総合ＪＡとは ·· 29
　1．農業振興への取り組み
　　　― 赤字を負担しているＪＡ
　2．地域振興への取り組み
　　　― 地域創生・活性化に貢献
　3．食と農の架け橋
　　　― 食と農の相互理解
　4．範囲の経済性
　　　― 合理的運営
　5．経営面での相乗効果
　　　― 安定経営に貢献
　6．組合員への一体的対応
　　　― レイドロー博士も絶賛

第2部　農協法改正とその対応

Part1　農協法の改正 ……………………………………………………………35
　1．背景と特徴
　2．改正の内容
　　(1)　JAについて
　　　　　―JAは農業振興にすべての力を注げ
　　(2)　連合会・中央会について
　　　　　―全農を会社に、中央会機能は限りなく縮小せよ
　　(3)　准組合員の事業利用規制
　　　　　―今後のJA改革の焦点に
　　(4)　改革に関する実施状況の監督
　　　　　―なし崩し的な改革の強要

Part2　今後の議論の進め方と運動展開 ………………………………………45
　1．王手飛車とり
　　　　―政府が繰り出した究極の一手
　2．議論の進め方
　　　　―「仮説的グランドデザイン」に対峙する「JAビジョン」の確立
　3．今後の運動展開
　　　　―組合員・地域住民・国民目線に立った開かれた運動展開と自立JAの確立
　　(1)　開かれた運動展開
　　(2)　自立JAの確立

Part3　共通課題 …………………………………………………………………55
　1．職能組合化の方向と総合JA
　　(1)　農業振興について
　　(2)　総合JAとしての取り組み
　2．協同組合論の不毛
　　(1)　地域農協論
　　(2)　監査
　　(3)　教育と協同組合的運営
　3．准組合員問題
　　　　―タブーへの挑戦
　4．自主・自立

v

Part4　中央会と経済、信用・共済事業 ……………………………………… 71

〈中央会〉…………… 71
　1．「中央会制度廃止」の理由
　　　　── 中央会は総合ＪＡの要
　2．代表・総合調整機能
　3．ＪＡの公認会計士監査の義務づけとＪＡ全国監査機構の外出し
　　　　── 求められる中央会監査の独自性の発揮
　4．中央会制度廃止の影響と今後の対応
　　　　── 中央会の体制整備と期待される自立ＪＡの自覚と支援

〈経済事業〉………… 77
　1．株式会社へ移行できる法改正の意味
　　　　── 内外に反対の意思表示を
　2．株式会社化の意味①
　　　　── ＪＡにとって余計なお世話
　3．株式会社化の意味②
　　　　── 他人事ではない会社化

〈信用・共済事業〉…… 81
　1．信用・共済事業の分離について
　　　　── 専門性の誤謬と収益部門の切り捨て
　2．信用事業の事業譲渡について
　　　　── 今後のＪＡ改革の主役に

第1部
ＪＡ解体のねらい

Part 1 「規制改革会議」のＪＡ改革

１．解体の意味とは
── 信用・共済事業の分離

　政府は、総合ＪＡの解体計画書ともいえる「規制改革実施計画」（平成26年６月24日）を閣議決定した。今回のＪＡ批判は主務省たる農水省によって行われており、これまでのＪＡ批判とはいささか様相を異にする。

　政府にとっての解体とは、今までの総合ＪＡ（以下、特別な場合を除き単にＪＡという）の組織を打ちこわし、新しい組織につくり変えることを意味している。では、なぜＪＡを新しい組織につくり変えなければならないか、その理由は簡単で、ＪＡが信用・共済など収益部門の事業ばかりに力を入れ、本来の目的である農業振興に力を入れないから担い手や大規模農業者が育たないというものである。そこで、ＪＡから信用・共済事業を分離してＪＡを農業専門的運営につくり変えることでその目標を達成しようとしている。このほかに、信用・共済事業の兼営には、他業態とのイコールフッティング、事業の公共性等を理由とした分離への強いプレッシャーがある。

　「規制改革実施計画」では、「地域の農協が主役となり、それぞれの独自性を発揮して農業の成長産業化に全力投球できるように、抜本的に見直す」とあり、今回の改革は農協潰しではないといっているが、政府がめざすのは、ＪＡから信用・共済事業を切り離した農業専門的ＪＡであり、現在の総合ＪＡの仕組みをつくり変えることである。信用・共済事業の分離が実現すればＪＡが存続していくことは難しい。

2．農政の行き詰まりの責任をJAに転嫁
　— 総合JA解体がアベノミクスの標的に

　しかし、このようなJA解体の理由は正しいものなのか。結論からいえば、JAが本来の営農・経済事業に取り組んでいないから農業が振興せず、担い手が育たないというのは間違っている。担い手が育たないのは、十分な農業所得が得られないからであり、それは農業政策がうまくいかなかった結果によるものだ。ガット・ウルグアイラウンド交渉でのコメの自由化や日豪EPAによる農産物の自由化交渉などの影響で農産物価格は下落し、農業経営が困難になっているというのが実情である。

　TPP交渉による農産品重要5品目の聖域についても、大幅譲歩が予想されているが、その影響による農業不振の責任を一方的にJAに押しつけるのは誰が見てもおかしい。まして、その反対運動封殺のためJA改革を行うなどは論外であり、政府が説明する「農協改革で農家所得が増える」などというのは全くの欺瞞であることは明らかだ。

　農業は楽をして儲けることができる簡単な職業ではない。これまでの相次ぐ農産物の自由化や農家・農業者支援対策の後退で、多くの農家はやむを得ず兼業を余儀なくされJAを拠り所にしている。農業が振興せず担い手が育たないのはJAだけの責任ではない。それを一方的にJAに押しつけるのは、政府の責任転嫁でありフェアーではない。

　また、アベノミクスで金融緩和、財政出動に続く第3の矢として成長戦略が位置づけられ、その一つが農業とされているが、総合JAをつくり変えて農業専門的運営にしたからといって、それが達成されるとは到底考えられない。JA解体の理由が課題解決の間違った方向である限り、JAはこれを絶対に受け入れることはできないだろう。

　農業政策の失敗の責任を総合JAに押しつけ、総合JAを解体して農業専門的JAにしても、確実に農業専門的JAは立ち行かなくなる。その時、農水省は誰を頼りに農業政策を展開しようとするのか。展望のない農業・農協政策の遂行は国を亡ぼすことになる。

　以下にたびたび出てくる農水省の職能組合の考え方は、タテ割り行政の

考え方が基礎になっており、これは官僚組織に共通する行政組織運営の本質に根ざすものだ。震災対応でも指摘されるタテ割り行政の弊害をただすのは、政治の力であり民間組織たるJAの大きな社会的役割である。

3．地域・農業・農村の更なる荒廃
  — セーフティーネットの崩壊

 JAを解体する理由が間違っているのであれば、その結果は更なる地域・農業・農村の荒廃をもたらすだけである。日本には大きくは総合農協と専門農協があるが、専門農協の多くは苦戦を強いられている。それは農業を巡る状況が厳しすぎるからである。たとえば、愛媛県のみかん専門農協は、柑橘の自由化で苦境に立たされ、相次いで総合JAに吸収されている。JAを農業専門的運営にしても、大規模農家が育つわけではない。

 このため、政府がいうようなJAの農業専門的運営という間違った農業振興の方向は、JAの解体を招き、人間社会とくに地域にとって必要不可欠な助けあいの組織（セーフティーネット）を地域から抹殺することになる。これはいかなる政治体制であっても許されることではなく、助けあいの組織がなくなれば、地域は限りなく荒廃が進むことになる。政府がいう「地域創生」など全くの夢物語になるばかりか、かえって逆行することになる。

4．国際的に評価の高い日本の総合JA
  — 総合JAは日本の誇り

 政府が問題視している総合JAは、実は国際的にみてたいへん高く評価されている。国際協同組合同盟（ICA）が定めた「協同組合原則」（24頁参照）は、協同組合運営についての基本的な取り決めであるが、その第7原則に、「地域への係り（関与）」がある。この第7原則は、日本の総合JAの取り組みがお手本とされている。

 つまり、日本の総合JAの取り組みが、グローバル・スタンダード（世界標準）として協同組合原則のもとになっているのであり、政府はそのこ

とに誇りを持つべきだろう。日本の総合ＪＡは、ユネスコの無形文化遺産に登録された「和食」とともに世界に胸を張って自らを主張できる存在なのである。

注）1．協同組合の第7原則「地域への係り」は、1980年の国際協同組合同盟（ICA）モスクワ大会での「西暦2000年における協同組合」（レイドロー報告）がそのもとになっている。
2．在日アメリカ商工会議所による、イコールフッティングの競争など様々な理由のもとに総合ＪＡを否定するいい分は、一方的に自国企業の利益のみを考えた全く身勝手なもので、わが国はアメリカのいいなりになるべきではない。

5．これまでのＪＡ改革の取り組み
　― ＪＡ合併は協同活動の拠点づくり

　これまでＪＡグループはＪＡ改革に取り組んできた。その最たるものは合併である。ＪＡ合併は行政の平成大合併に先んじて行われ、1985年に4,242あったＪＡは、2015年には679にまで減少している。こうした合併は何のために行われたのであろうか。それは単位ＪＡの体制整備のためである。

　小規模ＪＡでは、農業振興のための施設整備ができず、また優秀な職員を確保することができない。そこで将来を見越した合併がＪＡグループの総力を挙げて推進された。また、合併と並行して行われたのが連合組織の組織整備であった。これにより、ＪＡ組織を従来のＪＡ―県連―全国連という3段階からＪＡ―連合組織の2段階に切り替え、効率的な事業運営を行うことをめざした。このようにＪＡの組織整備は、単位ＪＡの体制整備を基本とし、そのうえで連合組織の整備・合理化をはかるものであった（図参照）。

　それでは、なぜこのような形で組織整備を進めたのか。それはＪＡの諸活動が組合員の協同活動によって支えられており、組合員の協同活動を盛んにする単位ＪＡの体制整備こそがＪＡ運動の基本と考えられたからであ

る。政府もまた、このようなＪＡが行う自主的な組織整備の取り組みを法整備等で後押ししてきた。

　ところが、今回示された「規制改革会議」のＪＡ出資による株式会社化の方向は、これまでＪＡグループが進めてきた組織整備とは真逆の、全国連を本店とし、単位ＪＡを支店・代理店とするもので、こうした方向での改革は、組合員主体という協同組合組織の破壊を招き、ＪＡは他企業との競争に敗れ存立ができなくなる。

　何故をもって政府はこのような無謀な方向をとろうとするのだろうか。ＪＡ組織をつくり変えるといっても、新しい姿が構築できなければ、それは単にＪＡという助けあいの組織を地域から抹殺するだけの結果を招くことになる。自主的なＪＡ運営の取り組みを、権力をもって打ち壊すことは許されることではない。もし、どうしても農業専門的農協が必要であれば、政府でそのような農協を育成すればいいのであって、折角ある総合ＪＡを解体する理由は何もない。

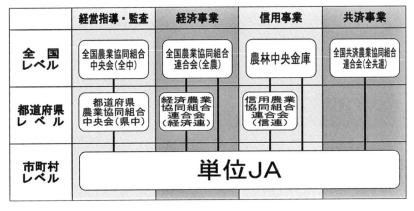

図　ＪＡ組織

Part 2 「グランドデザイン」を斬る

1．組織改編の「仮説的グランドデザイン」とは
― 農業専門的ＪＡ・会社的運営方法への移行

　それでは、提案されている政府による組織改編の姿はどのようなものであろうか。政府によるＪＡの組織改編の「仮説的グランドデザイン」とは次頁のようなものである。(「規制改革実施計画」では農業分野について、農業委員会等の見直し、農地を保有できる農業生産法人の見直しについても述べているが、ここでは農業協同組合について述べる)。

　「仮説的グランドデザイン」とは、将来の一定の時期に必ずこのようにするということではなく、「将来の望ましい姿を描き、政策誘導によってそれを実現して行こうとするもの」という著者の見解である（今後５年間が農協改革集中推進期間）。ＪＡの信用事業分離問題は、古くから国会でも議論されてきたが、これほどはっきりした形でＪＡ組織のあり方がそれも政府によって示されたのははじめてである。

　したがってＪＡグループは、こうした組織改編の方向を正面から受け止め徹底的に分析し、それが将来にわたって農家組合員の要望に応えられるものかどうか、真剣に議論していくことが重要である。議論はＪＡの組織防衛ではなく、広く農業者・農家・消費者など国民的観点に立って行われることが肝要だ。

政府によるＪＡの組織改編の「仮説的グランドデザイン」
― 「規制改革実施計画（平成26年6月24日閣議決定）」 ―

① ＪＡを農業専門的運営に転換する。
② ＪＡを営農・経済事業に全力をあげさせるため、将来的に信用・共済事業をＪＡから分離する。
③ 組織再編に当たっては、協同組合の運営から株式会社の運営方法を取り入れる。
　ア．全農はＪＡ出資の株式会社に転換する。
　イ．農林中金・共済連も同じくＪＡ出資の株式会社に転換する。
④ ＪＡ理事の過半を認定農業者・農産物販売や経営のプロとする。
⑤ 中央会制度について、ＪＡの自立を前提として、現行の制度から自律的な新制度へ移行する。
⑥ 准組合員の事業利用について、正組合員の事業利用との関係で一定のルールを導入する方向で検討する。
　注）上記のまとめについては、筆者の解釈を含んでいる。例えば、「実施計画」では農業専門的運営への転換などとは言っていないが、これは問題を明らかにするための筆者による表現である。

　上記が政府による組織改編のグランドデザインであるが、この内容には大きく三つの論点が含まれていることがわかる。一つは、将来にわたってのＪＡ組織のあり方（①⑥）。二つは、ＪＡの事業運営と組織のあり方（②③④）。三つは、国にとってのＪＡの役割（⑤）である。
　以下、これらの論点について述べていく。

2．ＪＡ組織の将来展望①
　―「農業」VS「農業＋地域」が基本的争点

　「規制改革実施計画」では、直接ＪＡを農業専門的運営に転換するとい

う表現は使っていないが、こうした方向で総合ＪＡをつくり変えるというのが今回の政府の一貫した考え方である。この考え方は、後に述べるようなＪＡの運営と組織のあり方によって、より明らかになってくる。

　従来よりＪＡに関して、研究者の間では「職能組合」と「地域組合」という二つの考え方がある。「職能組合論」は、ＪＡは農業者の利益実現のために存在するのであり、ＪＡはそうした運営に特化すべきであるとの立場をとる。これに対して、「地域組合論」という考え方がある。この考え方は、ＪＡは、農業振興はもちろんのこと、信用事業や共済事業などを通じて組合員の生活支援活動を行い、また高齢者福祉事業などによって地域貢献の役割を果たす存在であると考える。

　この二つの考え方に関し、政府は「職能組合論」の立場であるのに対して、ＪＡは実質的に「地域組合」という立場に立っている。この立場の違いは、従前から続いていたが、表面化しないまま今日まで来た。ところが今回、政府がＪＡの職能組合的性格を全面に打ち出してきたため、両者の考え方の違いが顕在化してきた。その意味で今回のＪＡ改革を巡る争点は、基本的には「職能組合論」VS「地域組合論」いいかえれば、「農業」VS「農業＋地域」といっていいものである。

　農水省は2001（平成13）年の農協法の改正で、第１条の法の目的に関して、ＪＡを農業振興の手段に位置づけ、同時にＪＡの第１の事業を営農指導事業とした。この時から、農水省はＪＡを「職能組合」としてみる立場を鮮明にしており、その後の「農協のあり方についての研究会報告」（平成15年３月）でもその方向を一層明確にしている。

　こうした政府の動きに対して、ＪＡでは、1997（平成９）年に「ＪＡ綱領」（次表）を制定し、ＪＡ運営の基本を定めており、その中でＪＡは協同組合として行動し、「農業と地域社会に根ざした組織としての社会的役割」を果たすことを謳っている。また、その後のＪＡ全国大会議案や「自己改革方策」でも「食と農を基軸として地域に根ざした協同組合」を運営の基本としており、これはＪＡの運営が、実質的に「地域組合」の方向であることを宣言しているといっていいものだ。

　こうした考え方の違いは、農水省が専門性を旨とするタテ割りの「官僚

組織」であるのに対して、JAが非営利を旨とする「助けあいの組織」であることに由来している。しかし、「職能組合」や、「地域組合」といっても、農業がその基盤になっていることには変わりがなく、ともに農業を抜きにしてJAを語ることはできない。そうした意味で、JAが「地域組合」の立場に立つといっても、あくまでも「農業」協同組合としての役割を果たすことなのである。

> **JA綱領** ―わたしたちJAのめざすもの―
>
> わたしたちJAの組合員・役職員は、協同組合運動の基本的な定義・価値・原則（自主、自立、参加、民主的運営、公正、連帯等）に基づき行動します。そして地球的視野に立って環境変化を見通し、組織・事業・経営の革新をはかります。さらに、地域・全国・世界の協同組合の仲間と連携し、より民主的で公正な社会の実現に努めます。
>
> このため、わたしたちは次のことを通じ、農業と地域社会に根ざした組織としての社会的役割を誠実に果たします。
>
> わたしたちは
> 1．地域の農業を振興し、わが国の食と緑と水を守ろう。
> 1．環境・文化・福祉への貢献を通じて、安心して暮らせる豊かな地域社会を築こう。
> 1．JAへの積極的な参加と連帯によって、協同の成果を実現しよう。
> 1．自主・自立と民主的運営の基本に立ち、JAを健全に経営し信頼を高めよう。
> 1．協同の理念を学び実践を通じて、共に生きがいを追求しよう。

3．JA組織の将来展望②
　　― 展望の見えない農業専門的運営の方向

　JAの将来を考える場合、農業は大切だがどうしても農業振興だけを考

えた姿を想定することができない。それは、農業振興だけで現実のＪＡ経営を描くことができないからである。ＪＡは信用・共済事業に力を入れており、本来の農業振興の仕事がおろそかになっているという指摘はあながち間違ってはいないが、ＪＡにはまたそうせざるを得ない事情がある。ＪＡにとって、営農指導事業は直接的には対価を生まないサービス事業であり、多くの場合経済事業は収益を生む部門ではないからだ。

　それでも多くのＪＡでは、信用・共済事業の収益を営農・経済事業につぎ込んで農業振興の仕事に懸命に取り組んでいる。とくに、中山間地帯や都市化地帯といった農業不利地帯では信用・共済事業の収益によってかろうじて農業が支えられているのが現実だ。こうしたＪＡ経営の実態からは、ＪＡは将来にわたって「地域農協」を標榜していくのが現実的な姿といえよう。ＪＡグループは、「自己改革方策」でも自らを「食と農を基軸として地域に根ざした協同組合」としているが、これは、「食・農・地域」というキーワードを通じて、政府が定めた「食料（食）・農業（農）・農村（地域）基本法」の基本理念とも平仄（ひょうそく）があっている。

　こうした観点からすると、都市化地帯でのＪＡの目標は「食と農を通じた豊かな田園都市の建設」ということになり、信用・共済事業の比重が高いという理由だけで、ＪＡを信用組合など他組織へ転換することは避けられるべきだろう。

　今回政府が主張する「職能組合」の考え方は、ＪＡは本来農業振興を目的としているという極めてオーソドックスなものであるが、それだけでは現実のＪＡ経営を展望することはできない。政府がいうように、現在の総合ＪＡを農業専門的運営にした場合、収益部門（信用・共済事業）をとられたＪＡは、そのほとんどが立ち行かなくなることは確実である。通常の企業経営の常識では収益部門を切り捨てるようなバカなことはしない。農水省の言い分は、ＪＡからわざわざ収益部門の信用・共済事業を切り離すという、非常識で身勝手な考え方であり、経済観念を二の次とする官僚組織の面目躍如というべきものである。

4．准組合員問題
― 農業は農業者だけでなく地域の住民とともに支えられるもの

　准組合員の問題について、「実施計画」では「准組合員の事業利用について正組合員の事業利用との関係で一定のルールを導入する方向で検討する」となっており、2014年5月22日の「規制改革会議」の当初案では、具体的に「准組合員の事業利用は正組合員の事業利用の二分の一に制限する」となっていた。

　准組員合員制度は、第二次世界大戦後の農協法の成立過程で、戦後の農協の前身である産業組合（戦時は農業会）の組合員を引き継ぐにあたり、農家以外の組合員を農協に取り込むためにとられた措置であった。産業組合では現在のＪＡのように組合員の資格が農家に限定されず、誰でも組合員になれたことから、農家以外の地域住民たる産業組合の組合員を農協の組合員にするため、准組合員という制度が生まれた。

　戦後の農協法は、漁協・生協など専門性を旨とする業種別・目的別の協同組合の考えに立っておりＪＡにおける准組合員は、正組合員たる農家組合員に対して当初は例外的な存在と見られていた。

　ところが、ＪＡにおける准組合員は、その後農家である正組合員が減少するのと対照的に増加の一途を辿り、ついに2009年度において正組合員が477万5千人、准組合員が480万4千人となり、総体として准組合員の方が多くなった（総合農協統計表）。前述の「規制改革実施計画」の准組合員に関するまとめの背景には、こうした事情がある。

　「規制改革実施計画」での准組合員の取扱いについては、中期的課題とされていたが、後述のように、今回の農協法改正案作成の最終局面において、政府から「准組合員の事業利用規制」か「中央会制度の廃止」かの二者択一を迫られるなど、ＪＡ改革の中心的課題になってきており、今後、ＪＡとしてこの問題を避けて通ることはできない。

Part 3
ＪＡの運営と組織の全体像

1．全体像の内容
　　　— ＪＡの事業・組織運営の優位性を否定

　ＪＡ運営と組織のあり方については、ＪＡから信用・共済事業を分離し、将来的に経済・信用・共済事業すべてについてＪＡ出資の株式会社に移行させようとしている。それは、現在のボトムアップの協同組合的事業・組織運営からトップダウン式の会社的事業・組織運営への転換をめざすものであり、同時に協同組合たるＪＡ系統組織を「丸ごと」会社的組織に変えることを意味する。ＪＡグループはそうした提案を受け入れるわけにはいかないことは当然だろう。

　　注）「規制改革実施計画」では、ＪＡがつくる会社をＪＡ出資の株式会社としかいっていない。従前はＪＡが株式の過半を有し実質的に支配する会社を協同会社といっていたが、今回の提案ではそれさえもはっきりしていない。現状では株式の譲渡制限をかけるなど、ＪＡ全額出資の会社のように思えるが、株式会社になれば、国内外を問わずＪＡ以外の株主が増えていくことは必然であろう。それがＪＡの株式会社化の目的だからだ。

　その内容を図式化すれば次図のようになる。要点は次の二つである。
① 　ＪＡは農業専門的運営に特化し、経済・信用・共済各事業会社の持ち株協同組合とする。
② 　ＪＡ出資の株式会社は、全農・農林中金・全共連を本社とするピラミッド型の全国一社の組織となり、ＪＡの事業は事業別に分断される。この場合、ＪＡは主に販売機能を除き本社の支店・代理店の役割しか持たない。

ＪＡ出資の株式会社の内容は、「実施計画」では必ずしも明らかにされていない。このため、会社化は全農、農林中金、共済連のことであり、会社化されてもＪＡとの間の仕事のやり方は独禁法の適用除外の扱いがどうなるかという問題はあるものの、従来通りで変わらないと受け止める向きもある。しかし、それでは会社化する意味はほとんどない。ＪＡ出資の会社化の本質は、ＪＡの組合員による組織活動と事業活動を分離することであり、究極的にはＪＡは出資金を管理する持ち株組合となり、事業はすべてＪＡ出資の株式会社が行うという姿が想定される。「実施計画」でいう、経済界との連携などのために会社化が必要ということであれば、全農等はすでに自らの子会社（協同会社等）をつくってこれに対応している。

図　事業と組織の分離―ＪＡ出資会社における事業とＪＡのイメージ

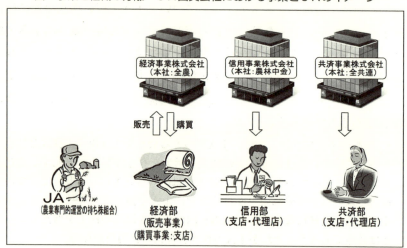

注）１．上図は「規制改革実施計画」の内容をもとに筆者が解釈を加えたものである。
　　２．矢印の方向は Plan・Do・See の方向を示している。
　　３．「計画」では、各株式会社の本社は全農・農林中金・全共連といっていないが、趣旨からすれば当然そうなる。

2．協同組合と会社組織の違い
― 協同組合の独自性・優位性とは

　こうした協同組合的な事業・組織運営から会社的な事業・組織運営への転換について、「実施計画」では、その方が組合員サービスの向上になり競争力強化になるとしているが、果たしてそうなのか。二つの観点から見てみる。

　一つは、協同組合と会社の組織の仕組みはもともと違うという点である。ＪＡは協同組合として人の組織であり、会社のように資本の最大化をめざす組織ではない。この結果、両者の事業・組織形態は違う。下の図で見るように、会社は不特定多数の人を対象に事業を行い、組織は本店中心の上意下達の仕組みが一般的である（頭が一つの脊椎動物型組織）。これに対してＪＡは組合員という特定の人を対象に事業を行い、ボトムアップの組織運営を行う（頭が多数のアメーバ型組織）。ＪＡの場合、ＪＡが組織する連合組織は、会社組織では本店になるが、ＪＡでは補完組織でしかない。よく言われるように、会社の運営はピラミッド型なのに対して、協同組合の運営は逆ピラミッド型だというのは、このことを意味している。

（図）企業（会社）とＪＡとの組織形態の違い

　図の二つの組織形態を見てどちらが優れているのかは一概にはいえない。協同組合には協同組合の、会社には会社の良さがあり、それぞれの組織は

その良さを生かして社会に貢献している。両者を比べた場合、一般的には会社組織の方が合理的な組織と考えられているが、実態を見れば必ずしもそうとは限らず協同組合は会社組織に対して優るとも劣らない優位性を持っている。ＪＡおよびＪＡグループは、組合員を基礎に置くＪＡ―連合組織という事実上全国一つの協同組合組織をつくり上げており、あの経営学の世界的権威Ｐ・ドラッカーがいう連邦分権制の概念をさえ超える存在と言ってもいいだろう（ドラッカーの連邦分権制の本店はあくまで組織の中央にある）。

　国際的に見ても、2008年のリーマンショックによる世界的な金融・経済危機に際して、地域経済に根ざす協同組合は独自の力を示し、バブル経済の影響を最小限に抑え、経済システムに安定性をもたらした。国連ではその役割を評価して2012年を国際協同組合年としたことは周知の通りである。わが国においても、ＪＡではリーマンショックにより農林中央金庫が１兆9000億円という多額の資本不足に陥った際、単位ＪＡが後配出資という方法でその窮地を救ったことは記憶に新しい。

　ＪＡを会社的運営にしようとする今回の政府提案は、こうした協同組合の組織運営の良さを限りなく削ぎ、将来的に協同組合を会社組織に転換させる危険性を持つものである。今では、ＪＡの株式の譲渡制限が必要との認識になっているが、株式は本来利益を求めて組織を超えて自由に動き回る性質を持っている。

　協同組合たるＪＡに株式会社的方法を取り入れれば、いずれＪＡ所有の株式は会社組織や場合によっては外国企業の手に落ちることも十分想定できる。そうなるとＪＡはもはや協同組合ではなくなっていく。組織は人間の本性（Human Nature）たる競争・助けあい・自己保全の三つの要素で運営されており、競争は会社組織が、助けあいは協同組合が、自己保全は政府組織が担っており、健全な社会はこの三つの要素の微妙なバランスのもとに形成されている。

　いくら閉塞社会を打破するといって競争だけを奨励すれば、それは多くの人々に不幸をもたらすことになる。協同組合たるＪＡは、助けあいたる自らの組織の社会的意義を考えれば、協同組合を否定するような今回の政

府案を到底受け入れることはできない。

3．ＪＡと会社の組織運営の違い
　― ＪＡ組織のコア・コンピタンスとは

　もう一つの観点はＪＡと会社の組織運営の違いである。あらゆる組織は自らの組織運営の中核能力（コア・コンピタンス）・優位性によって厳しい競争社会に立ち向かっていく。協同組合たるＪＡ組織の優位性は、組合員の協同活動が組織運営の根底にあることだ。協同組合とは組合員の共通の悩み・願いを協同の力で解決する組織なのである。

　組合員の協同活動とは、ＪＡにおける生産部会や生活部会、青年部や女性部などの様々な活動を意味し、ＪＡでは営農指導事業や生活・教育文化活動として組合員の協同活動を助長する活動を行っている。ＪＡが事業別の会社経営になれば、直接の対価を生まないこうした事業は切り捨てられ、各種事業活動の根底にある協同活動は死滅する。また、ＪＡは経済事業とともに信用・共済事業などの兼営ができる総合事業の形態（総合ＪＡ）が許されており、ＪＡでは経済事業を中心に各事業が連携を持って運営されている。

　このような「組合員の協同活動と事業活動の連携・連動」と「事業間の連携・連動」はＪＡ独自の組織の運営方法（コアテクノロジー）であり、かりに、ＪＡが政府提案のような組織に変質すれば、こうしたＪＡ組織独自の運営方法が不可能になり、経営が成り立たなくなる。協同組合が法律で規定されていることでＪＡは存在しているが、それはＪＡ存在の必要条件であって十分条件ではない。

　いくら法律でＪＡの存在が認められていても実際の運営が困難になり、ＪＡがこの世に存在しなくなれば何の意味も持たなくなる。こうした意味からも、ＪＡは今回の政府提案は受け入れることはできない。さらに、このような組織・事業形態にした場合、ＪＡは政府がいうような、肝心な農業振興を担う営農・経済事業について十分な活動・機能発揮ができるだろうか。いくら組織いじりをしても有力専業農業者が結集しなければ、農業

専門的運営は成り立つはずはない。ＪＡの現在の農家組合員は、ほとんどが稲作中心の兼業農家というのが実態である。

注）1．ＪＡのコア・コンピタンスは、組織の本質を組合員の協同活動とし、農業振興と総合事業という二つの事業領域（ドメイン）を持つ「総合ＪＡの経営組織モデル」（筆者）によって説明できる。
 2．日本の系統農協は総合ＪＡを基盤とし、連合組織と一体となった運営が行われており、経営体として事業の専門性と総合性、さらには集中と分権管理の機能を巧みに使い分けるという、多くの企業体がなし得ない優れた特質を持っている。

Part 4
今回のＪＡ改革の争点・論点

　今回の政府提案のＪＡ改革について、改めてその争点・論点をまとめれば、次の三点になる。

１．総合ＪＡか農業専門的運営か
── 政府提案の最大の争点

　前述のように、今回のＪＡ批判の対立の構図は、実は「農業（農業専門的運営ＪＡ）」VS「農業＋地域（総合ＪＡ）」にある。その内容は、農業振興を強調するあまり、あまりにも反協同組合的で総合ＪＡ解体の考えがはっきりしている。

　多くの人が考えるように、農業は国の基本であり、農業振興なくして国の健全な発展はありえない。しかし残念ながら、農業は現実の経済運営の中では軽視され、衰退の一途をたどっている。相次ぐ農産物貿易の自由化や農業支援対策の後退で、農業経営はますます困難になってきており、担い手としての農業者が育たないのが現状だ。

　農業は農業者、まして専業農業者だけで存在することは難しく、兼業農家や地域住民などの協力のもとに行われている。このため、ＪＡは農業専門的運営だけでは農業振興のための機能が果たせず、信用・共済事業を兼営する総合ＪＡの形で農業・地域振興の役割を果たす組織として存在している。

　一方、政府がいうように、総合ＪＡを解体して、ＪＡを農業専門的運営にした場合、専業農家が育つのであれば、それはそれで良いのであるが、

そうした運営で専業農家が育つとは考えらない。逆に将来展望を見失ったJAは確実に経営困難となり、立ち行かなくなる。そうなれば、地域における助けあい組織は壊滅状況となり、農業・農村は際限なく衰退して行くことになる。

その意味で、今国会でのJA改革最大の争点は、JAの将来のあり方として、非現実的で展望のない農業専門的運営JAの道をとるのか、現実的で可能性のある総合JAの道をとるのかの選択にあった。JAグループは、「自己改革方策」で、「地域農協」に向けての法改正を掲げており、「農業(農業専門的運営JA)」VS「農業＋地域（総合JA）」を争点として国会論戦を行うべきであった。

国会審議にあたって、民主党は現実に地域で果たしているJAの役割を法律上に明定すべきとの対案を出した。これは、JAグループが主張している「地域農協」の考えと軌を一にし、こうした考えには自民党はじめ多くの議員の賛同を得られたと思われるが、全中は官邸主導のもとにある閉ざされた自民党対応に終始したため、この論戦に持ち込むことができなかった。

2．協同組合的運営か会社的運営か
一 協同組合は人間の本性

JAは何よりも協同組合である。協同組合の見方はそれぞれにあるが、協同組合とは、本来助けあいという人間の本性（Human Nature）に基づく組織である。世の中には政府組織、会社組織、協同組合組織の三つの組織が存在するが、政府組織は自己保全（安全に暮らしたい）という人間の本性、会社組織は競争という人間の本性、協同組合は助けあいという人間の本性によってつくられている。

このように考えると、どのような立場に立とうとも協同組合は人間社会にとって必要な組織である。このうち、政府組織（官僚組織）ができたのが最も古く、紀元前から存在する。これに対して、会社組織は1602年にオランダ東インド会社が設立され、協同組合組織は、産業革命後の資本主義

経済が発達した1844年のロッチデール公正先駆者組合の設立をもって始まりとする。明治維新後の日本の資本主義発展の基礎として、政府がアジアに先駆けていち早く産業組合法を制定したのもこうした協同組合への理解からくるものであった。

今日、世界の協同組合を組織するICA（国際協同組合同盟）は、国連に登録されているNGOのうち最大の組織で、国際赤十字に次ぐ古い組織となっている。2011年３月末現在、ICAには93カ国、247組織が加盟し、組合員は約10億人を超えている。また、協同組合運営の基本となる国際的な取り決めが、世界標準の「協同組合原則」として定められている（次表）。

今回のＪＡ改革の政府提案では、協同組合は非効率な組織として排除され、競争原理のみが強調されている。バブル崩壊後の長期にわたる閉塞社会の中で、活気のある経済を取り戻すには、一層の競争社会をつくり上げることが必要との考えである。

しかし、いくら競争心を煽り立てても、もう一方の助けあいの精神を無視するわけにはいかない。それは、助けあいが人間の持つ本性だからである。このような認識に立てば、政府はもっと助けあいの協同組合の力を借りるべきである。ICAのグリーン会長も「今回の日本政府の改革案は協同組合原則に反している」と訴えている。

前述の三つの組織は、経済的・社会的に公共のサービス、私益のサービス、共益のサービスを提供している。公共のサービスは税金で、私益のサービスは企業利益で、共益のサービスはお互いの助けあいの力によってもたらされる。都市型災害の阪神淡路大震災では生協が、農・漁村型災害の東日本大震災ではＪＡと漁協がその対応と復興に大きな力を発揮した。

経済停滞の中で、税収や、大企業は別にして企業利益に多くを期待できないなか、協同組合の助けあいの力は大きな力を発揮する。政府は「地方創生」など地域社会の活性化のために、ＪＡや漁協、生協など協同組合の力をもっと活用することを考えるべきである。

協同組合は、メンバー（組合員）が持つ悩みを、助けあいの協同の力で解決していく組織である。ＪＡも協同組合であり、組合員（農業者・農家・地域住民）が持つ様々な悩みを組合員の協同の力で解決すべく活動を行っ

(表)「95年原則」：協同組合のアイデンティティに関するICA声明

【定義】
　協同組合とは、人びとが自主的に結びついた自律の団体です。人びとが共同で所有し、民主的に管理する事業体を通じ、経済的・社会的・文化的に共通して必要とするものや強い願いを充たすことを目的にしています。

【価値】
　協同組合は、自助、自己責任、民主主義、平等、公正、連帯という価値に基づいています。組合員は、創始者達の伝統を受け継いで、正直、公開、社会的責任、他人への配慮という倫理的価値を信条としています。

【原則】
　協同組合は、その価値を実践していくうえで、以下の原則を指針としています。
【第1原則】自主的で開かれた組合員制
　協同組合は、自主性に基づく組織です。その事業を利用することができ、また、組合員としての責任を引き受けようとする人には、男女の別や社会的・人種的・政治的あるいは宗教の別を問わず、誰にでも開かれています。
【第2原則】組合員による民主的な管理
　協同組合は、組合員が管理する民主的な組織です。その方針や意思は、組合員が積極的に参加して決定します。代表として選ばれ役員を務める男女は、組合員に対して責任を負います。単位協同組合では、組合員は平等の票決権（一人一票）を持ち、それ以外の段階の協同組合も、民主的な方法で管理されます。
【第3原則】組合財政への参加
　組合員は、自分達の協同組合に公平に出資し、これを民主的に管理します。組合の資本の少なくとも一部は、通例、その組合の共同の財産です。加入条件として約束した出資金は、何がしかの利息を受け取るとしても、制限された利率によるのが通例です。
　剰余は、以下のいずれか、あるいは、全ての目的に充当します。
・できれば、準備金を積み立てることにより、自分達の組合を一層発展させるため。なお、準備金の少なくとも一部は分割できません。
・組合の利用高に比例して組合員に還元するため。
・組合員が承認するその他の活動の支援に充てるため。
【第4原則】自主・自立
　協同組合は、組合員が管理する自律・自助の組織です。政府を含む外部の組織と取り決めを結び、あるいは組合の外部から資本を調達する場合、組合員による民主的な管理を確保し、また、組合の自主性を保つ条件で行います。
【第5原則】教育・研修、広報
　協同組合は、組合員、選ばれたれた役員、管理職、従業員に対し、各々が自分達の組合の発展に効果的に寄与できるように教育・研修を実施します。協同組合は、一般の人びと―なかでも若者・オピニオン・リーダーにむけて協同の特質と利点について広報活動を行います。
【第6原則】協同組合間の協同
　協同組合は、地域、全国、諸国間の、さらには国際的な仕組みを通じて協同することにより、自分の組合員に最も効果的に奉仕し、また、協同組合運動を強化します。
【第7原則】地域社会への係わり
　協同組合は、組合員が承認する方針に沿って、地域社会の持続可能な発展に努めます。

（JA全中訳）

ている。今回、農協法第7条で奉仕の規定は残されたものの、非営利規定は削除され、農業振興のためにＪＡは積極的に営利を追求すべきとされた。これは、農水省が自らの官僚タテ割り行政の意思に従ったものであるが、こうしたちぐはぐな改正は、協同組合の本来の使命を曖昧なものにするものでしかない。

3．農業政策の対象は専業農家か多様な農業者か
― 農業はほとんどが家族農業

　農業問題は、発達した資本主義社会の中で共通の国民的課題になっており、日本だけが農業問題を抱えているわけではない。その原因は、もとをただせば今日の文明社会をつくった産業革命にある。よく知られる18世紀の後半から始まった産業革命は、基本的には工業分野の革命であった。周知のように、産業革命はそれまでの家内制手工業から工場制機械工業への転換によって大きな生産力を生み出し今日の文明社会を築き上げてきた。この文明の転換を可能にしたのは、アダム・スミスのいう分業であり、分業を可能とする輸送動力としての蒸気機関の発明であった。

　しかし、この分業による生産力の発展は工業分野におけるものであり、生命産業である農業は分業による生産が不可能で、いまだ工業分野における家内制手工業の段階にとどまったままの生業という性格を持っている。ここに産業としての農業の特性がある（生業とは生産の場と生活の場が同じことを意味する。多くの場合、工業では生産と生活の場は異なるが、農業では基本的に両者は同じである）。日本だけでなく諸外国の例を見ても、アメリカでさえ農業経営の多くは、家族農業であることがそのことを物語っている。農業は、このような産業的な特性を持っており、工業と同列に考えることはできない。その証拠に、先進資本主義国での農業生産はいずれの国でも国民総生産の数パーセントを占めるに過ぎない。

　農業を産業として自立せよという声は、日本の高度経済成長期からいわれ始めた。閉塞経済が定着した今、農業はアベノミクスの第3の矢として、産業としての自立どころかそれを通り越して、成長産業として喧伝されて

いる。だが、農業は、あくまでも生業としての性格を強く併せ持つ産業的特性を持ったものという認識が必要である。

　政府がいう農業・農村の所得倍増計画は、所得の概念さえはっきりしないもので、多くの人が現実離れのイメージ戦略だと思っている。しかし、代替策がないためか、何となくその言葉に酔わされているというのが現状である。

　政府がこのような政策を打ち出し、ＪＡとしてもその政策実現に向けて知恵を絞るとしても、このような危うい政策の実現について、ＪＡに責任を負わせることまで考えるのは酷というものである。まして、そうした農業政策の推進に、総合ＪＡはふさわしくないから解体する、というのはどう考えても納得がいくものではない。

　農業が持つ産業的特性を考えれば、産業としての自立とか成長産業というのは相当に割り引いて考えなければならない。生業としての特性を持つ農業は、とりわけ土地利用型農業の分野においては、経営の優位性は耕地面積の大きさによって決まり、耕地面積の小さいわが国では農業者の努力には限界がある。

　このため、工業製品を輸出し農産物を輸入する貿易（工業）立国を標榜するわが国では、農業の振興には国境措置や財政措置が欠かせない。農家に対する補助金は、食料供給を担う地域農業・農家への農業支援の奨励金と位置づけるべきものである。

　大規模農業や資本集約的農業の確立により、国際競争力をつけ輸出拡大につなげる努力も必要である。しかし一方で、農地のほとんどが中山間地で水田稲作中心の生産構造を持つわが国農業の体質を変えることは容易ではない。もともと、自然相手の農業は基本的に土着的なもので、地域社会と不可分の関係にあり、地域やそこに住む人々とともに存在するものである。農業への企業参入もいいが、それが資産としての農地取得が目的であったり、業績不振ですぐに撤退ということでは、地域社会の破壊を招く。

　農業の産業としての確立には安定して暮らせる農業所得の確保が前提であり、そのためには地域の持続的発展を前提に、ＪＡと政府が一体となった努力が求められる。

国の農業政策は農業所得確保のため、専業農業者育成に急傾斜しているが、実際の農業は専業農業者だけでなく地域の多様な農業者によって支えられており、農業政策はそうした観点を踏まえて行われるべきは当然である。

Part 5

総合ＪＡとは

　日本の総合ＪＡは、組合員数が1000万人におよび、事業取扱高を考慮すればわが国最大の協同組合といっていい。総合事業については他企業とのイコールフッティングの観点から非難の声があるが、総合ＪＡは日本の稲作文化の象徴・体現者として、また農村社会のセーフティーネットとして重要な役割を果たしている。

　経済事業のほか、信用・共済事業などの事業を行うことができる総合ＪＡの形態は、日本のみならず世界的に見てもまれな存在である。アジアでは韓国、台湾などが総合農協の形をとっているが、これは戦前両国が日本の統治下にあった影響によるものだ。総合事業の形態（信用事業の兼営）は古く、ＪＡの前身である産業組合法の第一次改正（1906年）から始まり、戦後の農協法でも継続されており、総合ＪＡは、わが国の風土に適した100年を超える優れたビジネスモデルとなっている。

　組織は何らかの意義がなければ、社会で存在することはできない。総合事業を営むＪＡの社会的、経済的な存在意義は、次のように考えられる。

1．農業振興への取り組み
　　　― 赤字を負担しているＪＡ

　一つは、農業振興への取り組みである。稲作経営が主体であるわが国の農業振興・営農活動に取り組むには、経済事業をはじめ、信用・共済事業など各種事業の一体的な取り組みが欠かない。一方、農業情勢の厳しさから、多くのＪＡでは、農業振興のための経済事業は赤字を余儀なくされて

おり、赤字は信用・共済事業の収益で補てんされている。

通常、営利企業は、採算確立の難しい営農指導・経済事業のような事業には手を出さない。毎年、全国で1,000億円を超えるJAの営農指導事業の経費を負担し、地域農業振興の下支えの役割を果たすのは、信用・共済事業を兼営するJA以外に考えられない。

とくに、都市部や中山間の営農不利地帯では、信用・共済事業の収益補てんがなければ農業の存立は困難である。もちろん農業関連事業で黒字のJAもあるが、それはよほど農業をめぐる条件が良いJAに限られる。

2．地域振興への取り組み
　　― 地域創生・活性化に貢献

二つは、地域振興への取り組みである。JAは農業振興をはじめとして様々な地域振興の事業に取り組んでいる。JAが行う地域振興の取り組みは、営農・経済事業、高齢者福祉事業、資産管理事業など様々だ。JAは、このような事業に取り組むことによって、組合員はじめ地域住民に奉仕し、かつ地域の雇用を生み出すという地域振興の役割を果たしている。

3．食と農の架け橋
　　― 食と農の相互理解

三つは、食と農の架け橋の効果である。JAの主な構成者である兼業農家は、農業者であると同時に生活者としての側面を持つ。さらに、准組合員の人たちは、その多くが生活者そのものである。総合事業が可能ということは、農業振興と地域振興を融合した事業展開ができるということであり、組合員の立場からすれば、農業者と生活者の両方の立場からJAの存在を見ることができることを意味する。つまり、JAはそれ自体で、いま重要となっている食と農の架け橋の役割を果たすことができる。

4．範囲の経済性
― 合理的運営

　四つは、範囲の経済性による効果である。ＪＡが行う経済・信用・共済などの各種事業を、それぞれ別々の協同組合で行うことになれば、事業を行うための管理費（物財費、役職員人件費など）はそれぞれの組合で負担することになる。総合ＪＡとして、これらの事業を一括管理すれば、共通管理費を大幅に削減することができる。

5．経営面での相乗効果
― 安定経営に貢献

　五つは、ＪＡの経営面への相乗効果である。ＪＡは営農・生活などの指導事業を行い、各種事業を兼営することによって事業全体に相乗効果をもたらすことができる。なかでも、物を扱う経済事業はＪＡ事業の中核事業であり、ＪＡは指導事業を伴う農業振興などの経済事業に力を入れることによって、信用・共済事業などの事業に対して相乗効果を生み、経営の安定効果を持つことができる。

6．組合員への一体的対応
― レイドロー博士も絶賛

　そして、最後にＪＡは、総合事業を営むことによって、組合員に対して各種事業を活用し、一体的に対応ができるという大きな特徴を持つことができる。企業におけるマーケティングの目標は、顧客の生涯価値の実現といわれている。ＪＡは総合事業を行うことによって、その気になれば組合員の生涯価値の実現、つまり「揺りかごから墓場まで」の組合員のお世話をすることが可能である。

　このように、総合事業により、組合員の立場に立った事業展開ができるということは、人を大切にする協同組合にとって誠に好ましいことである。カナダの協同組合研究家・運動家のＡ・レイドロー博士が日本の総合Ｊ

Aの仕組みに驚嘆し、その取り組みを絶賛したのも、日本の総合ＪAの姿が、協同組合のあるべき姿として好ましいものであると感じたからにほかならない。

第2部
農協法改正とその対応

Part 1

農協法の改正

1．背景と特徴

　今回の農協法改正は、平成26年6月24日に閣議決定された「規制改革実施計画」で示された、前述の組織改革の「仮説的グランドデザイン」に沿って行われた。法改正の結果、「規制改革実施計画」に盛り込まれたもので実現していないものは、①准組員の事業利用規制、②ＪＡ出資の農林中金・信連、全共連の株式会社への転換法の二つである。今回のＪＡ改革は国家権力の手によるもので、今のところ政府が意図した通りに進められている。

　今回の農協法改正の背景には、TPP交渉などでＪＡの政治力を削ごうとする官邸側とＪＡの職能組合化をめざす農水省側の思惑の一致がある。さらに、アベノミクスで金融緩和、財政出動に次ぐ第3の矢として農業の成長戦略を掲げており、その標的としてＪＡ改革を進めようとしている。

　これまでの農協法改正は、ＪＡ合併や組織２段階化、商法に基づく理事会の法定化などＪＡ運営の強化を支援するものであった。しかし、今回の改正は平成13年の職能組合化をめざした改正の延長線上に位置づけられるもので、その根底には、行政の極端で露骨なタテ割り思考に基づく、①ＪＡの総合農協としての運営の否定と農業専門的運営への転換、②協同組合的運営から競争重視の会社的運営への転換という考え方が貫かれている。

　法改正の最大目標は、農業所得の増大とされているが、このような考えでその目的が達成されるのか、国会審議を通じても明らかにされていない。それどころか、TPP交渉推進など農産物貿易のさらなる自由化を進めな

がら、このような競争原理一辺倒の農協改革を行えば、農業の一層の衰退と地域社会の荒廃を招くことになるだろう。

また、総合ＪＡ否定のほか、今回の法改正には際立った特徴がある。それは協同組合に対する認識の問題である。法改正にあたって農水省は、協同組合と会社の違いは、「出資に対する利子の制限」にあり、それ以外にさほどの差は認めないという認識に立っているように思える。

そのように考えると、改正の内容はあらゆる部分で、協同組合的運営と会社的運営の考え方が混在し、木に竹をついだようになっており、また教育事業の抹殺など協同組合の存在を全否定するがごときものとなっているなど、その内容をよく理解することができる。

確かに、「協同組合原則」の〈第３原則　組合財政への参加（出資に対する利子の制限）〉は、協同組合を協同組合たらしめている根本の規定であるが、これだけが協同組合を規定しているわけではない。協同組合への理解は、「協同組合原則」でいう、協同組合の「定義」・「価値」および第１原則から第７原則までを全体のものとしてとらえることが必要であり、いくら農業振興のためとはいえ、このように協同組合を、行政の都合のいいように一方的に解釈することは許されるべきことではない。

協同組合は、助けあいという、人間の本性（Human Nature）に基づく組織であることを考えれば、その存在の否定は、国家の安定さえ危うくすることになる。とはいえ、今回の法改正は、一方で、協同組合理解のための本質的な問題提起を行っており、われわれはこれを奇貨として、協同組合・ＪＡを学ぶ絶好の機会とすべきである。

２．改正の内容

法改正の内容をまとめて整理してみると、次のようになる。以下の内容は、農水省の「改正の概要およびその関連資料」によるもので、ＪＡ関連について主なものを述べている。

衆議院農林水産委員会での採決にあたっては、長文の付帯決議がついたが、民主党等が主張し、われわれが最も望んだ、肝心な「地域のための農

協」は、根拠なき農業所得増大を掲げる政府・自民党の力によって最後まで排除・否定された。懸案の准組合員の利用のあり方については、利用実態を調査し、地域のための重要なインフラとして農協が果たしている役割を十分踏まえるとしながらも、「速やかな検討」を行うことを求めている。

(1) ＪＡについて
　　― ＪＡは農業振興にすべての力を注げ

地域農協が自由な経済活動を行い、農業所得の向上に全力投球できるようにする

① 経営目的の明確化（第７条）
　農業者の所得の増大に最大限配慮するとともに、的確な事業活動で高い収益を実現し、農業者等への事業分量配当などに努めることを規定する。

◎具体的には、「組合はその行う事業によってその組合員及び会員のために最大の奉仕をすることを目的とし、その事業を行うに当たっては農業所得の増大に最大限の配慮をしなければならないものとするとともに、農畜産物の販売等の事業の的確な遂行により利益を上げ、その利益を事業の成長発展を図るための投資や事業分量配当に充てるよう努めなければならない」と規定した。これは、これまでわれわれが親しみ、かつＪＡ運営の拠り所としてきた旧第８条の「組合は、その行う事業によってその組合員及び会員のために最大の奉仕をすることを目的とし、営利を目的としてその事業を行ってはならない」とするＪＡの根本精神規定の改正であり、今後のＪＡ経営に大きな影響を及ぼすことになる。

　その意味するところは、ＪＡの農業専門的運営への徹底と一段の職能組合化をめざすものである。最大奉仕を目的としながら、農業分野での利益追求を掲げるのは、木に竹を接ぐ思考で理解に苦しむ。奉仕と非営利は、ほぼ同義の概念であり、奉仕を目的にしながらわざわざ非営利の規定を削除するのは、いくら営農重視といっても強引過ぎるだろう。

ＪＡは協同組合であり、何故をもって農業分野だけに利潤の追求を求めるのか、農業振興のためには何でもありというのは、行政の独善（独りよがり）である。ともあれ、この規定は前段で「奉仕目的」を掲げており、この規定が一方的なＪＡの農業専門的運営の論拠にされないようにしていくことが肝要である。

> ②　農業者に選ばれる農協の徹底（第10条の２）
> 　農業者に事業利用を強制してはならないことを規定する。

◎この規定の意味するところは、協同組合の否定である。もともとＪＡは農業者に事業利用を強制などはしていない。かりに、事業利用の強制が、ＪＡが行っている共同購入・共同販売などを想定しているのであれば、それは協同組合の否定であり許されるべきでことではない。

　ＪＡは小生産者の協同組合として、共同購入・共同販売を実施しているが、これは強制ではなく、組合員の自主的な意思に基づくものである。今後、ＪＡはこの規定の名のもとに、行政指導による共同購入・共同販売の否定、独禁法適用除外の否定が行われないよう留意が必要だ。

　注）国は、独占禁止法の第22条で、「次の各号に掲げる条件を備え、かつ、法律の規定に基づいて設立された組合（組合の連合会を含む）の行為には、これを適用しない」、としている。次の各号とは、①小規模の事業者又は消費者の相互扶助を目的とすること、②任意に設立され、かつ、組合員が任意に加入し、又は脱退することができること、③各組合員が平等の議決権を有すること、④組合員に対して利益配分を行う場合には、その限度が法令又は定款に定められていること、とされておりＪＡはこの独禁法適用除外に該当する組織である。

　また、「組合員の自主的組織としての組合運営の確保」に関連して、ア．専属利用契約の廃止、イ．回転出資金の廃止、ウ．組合の設立・定款変更等に関する行政庁の認可基準等の緩和（これにより地区内の複数ＪＡの設立が可能となる）などが措置された。

③　責任ある経営体制（第30条第12項）
　理事の過半数を原則として認定農業者や農産物販売等に実践的能力を有する者とすることを求めることを規定する。

◎この規定には、「地区内に認定農業者が少ない場合、その他の林水産省で定める場合はこの限りではない」、というただし書きがついており、この点は別途省令で措置されることになっている。また、経営管理委員を置く農協にあっては、経営管理委員の過半数は認定農業者でなければならないとし、理事は農畜産物の販売・法人の経営等に関し実践的な能力を有する者でなければならないとしている。さらに関連して農協は理事（経営管理委員会を置く農協は経営管理委員）の年齢及び性別に著しい偏りが生じないように配慮しなければならないと規定した。なお、これらの規定は、法律施行の日から起算して三年を経過した以後最初に召集される通常総会の終了の時までは、適用しないとされている。

　責任ある経営体制は当然のことであるが、だからと言って、実際の経営責任を持たない行政が、ＪＡの執行体制たる理事について細かい制約を加えること自体に大きな問題がある。一方で、ＪＡは自らの執行体制について行政からとやかく言われることは、誠に情けないというべきである。

④　地域住民へのサービス提供（第4章第1節から第3節まで）
　地域農協の選択により、組織の一部を株式会社や生協等に組織変更できる規定を置く。

◎具体的には、「組合はその選択により、組合を設立する新設分割及び組合から株式会社・一般社団法人・消費生活協同組合・社会医療法人への組織変更ができるもの」と規定した。また、事業分割・組織変更にあたっての総会における計画の承認、行政庁への届け出等の続きなどについて定めた。なお、組合が行う事業分割や株式会社等への組織変更は、信用事業・共済事業については除かれている。

この改正の「地域住民へのサービス提供」は、その意図がほとんど不明である。そもそもＪＡの組合員が事業分割や他組織への変更などを望んでいることなどは聞いたことがなく、組合員はＪＡのサービスが自分の目的に沿わなければ、ＪＡを利用しなくなるだけというのが現実である。それが活力を生む自由主義経済というものである。

　注）ＪＡで行われている子会社による事業運営は、ここでいう本格的な事業分割や組織変更とは意味合いが違う。ＪＡの子会社による運営は、協同組合経営の弱点を補う、主にその事業分野における経営責任を明らかにするために行われている。

　したがって、この規定の意図は、実態無視・机上の農水省の職能組合思考からくるものといってよく、ＪＡには農業専業者だけが結集すればいいのであって、それ以外の者は積極的にＪＡ以外の協同組合もしくは会社に所属すればいい、もしくは専業農業者のために事業分割すればいいということである。

　そもそも、所管官庁として、ＪＡの育成強化をはからなければならない立場にある農水省が、このような事業分割・組織転換の法改正を行うこと自体意味不明であるが、ここにも、協同組合否定・総合ＪＡの解体という法改正の意図がよく表れている。いずれにしても、こうした組織改編などは組合員の自由意思によって行われるべきは当然で、これが農協改革の進捗状況の目安としてカウントされるなどのことは、断じてあってはならない。

(2)　連合会・中央会について
　　　― 全農を会社に、中央会機能は限りなく縮小せよ

連合会・中央会が、地域農協の自主的な経済活動を適切にサポートする

①　全農（第４章第１節）
　全農がその選択により、株式会社に組織変更できる規定を置く。

◎これに関連する法律上の規定は、前述の④の通りである。後にPart4〈経

済事業〉で述べる通り、ＪＡおよび全農は株式会社への転換を望んでいるわけではない、と同時に、ＪＡの経済事業の赤字の実態から見れば、それは事実上不可能である。

　それでもこのような規定を置くのは、ＪＡからの信用・共済事業分離の布石としか考えられない。ＪＡおよび全中・全農はこうした動きに対して自主・自立の侵害などと悠長なことを言っているのではなく、しっかりと理論武装して反論していくべきである。

> ②　都道府県中央会（附則第12条から第20条まで）および全国中央会（附則第21条から第26条まで／第37条の２）

◎この法律上の規定は、中央会制度は廃止し、法施行後３年６月の間に、都道府県中央会は農協連合会に、全国中央会は一般社団法人にそれぞれ移行することができるというものである。これにより、都道府県中央会（連合会）は、①組合の組織、事業、及び経営に関する相談、②監査、③組合の意見の代表、④組合相互間の総合調整、⑤これらの事業の附帯事業を行うことができると規定された。

　また、全国中央会は、①組合の意見の代表、②組合相互間の総合調整を主たる目的とする一般社団法人になることができると規定された。また、農協に対する全中監査の義務付けは廃止され、代わって公認会計士監査を義務付け、一定規模以上の信用事業を行う農業協同組合等は、公認会計士又は監査人による会計監査を受けなければならないものとし（業務監査は任意）、新制度への移行に当たって、政府は適切な配慮を行うとされた（全中監査から会計監査人監査への移行にあたっての適切な配慮、協議の場の設定については省略）。監査は中央会にとっての生命線の事業であるが、この機能が業務監査に限定され、かつ、会計監査については外出しされたことにより、特に全中は事業の実態をなくすという致命的ともいえる大打撃を受けた。

　そもそも、都道府県中央会は連合会に、全国中央会は一般社団法人というのは法律上も実態上も理屈に合わないものであるが、これも総合ＪＡを

指導する中央会の力を削ぎ、ＪＡを農業専門的運営に転換する措置の一環といっていい。

また、行う事業も、全中が①組合の意見の代表、②組合相互間の総合調整なのに対して、県中は、①組合の組織、事業、及び経営に関する相談、②監査、③組合の意見の代表、④組合相互間の総合調整となっており、同じＪＡの指導機関なのに、なぜ事業内容が異なるのか全く理解できない。さらに、県中、全中とも法律上は附則の位置づけであり、農水省にとって中央会は、今やどうでもいい組織としてしか見られていない。

中央会は、農業政策遂行とともに、総合ＪＡが存在するための必須組織であるが、主務省たる農水省にその程度の存在としてしか見られていないことをＪＡグループは深く認識すべきであり、後に述べるように、「中央会制度」に代わる県中・全中一体となった指導体制の構築は、ＪＡにとっての最重要課題である。

(3) 准組合員の事業利用規制
　　― 今後のＪＡ改革の焦点に

この問題について、「政府は、准組合員の利用に関する規制の在り方について、施行日から５年を経過する日までの間、正組合員及び准組合員の組合の事業の利用状況並びに農業協同組合等の改革の実施状況の調査を行い、検討を加えて結論を得るものとする」としている。

◎後にも述べるように、准組合員の事業利用規制問題は、今後のＪＡ改革における最大の焦点になっている。農水省当局は、国会答弁等を通じ、事業利用の規制に関する調査について、農家の農業所得の増大や、地域におけるＪＡ以外のサービス提供の状況などの観点から実施したいとしている。

(4) 改革に関する実施状況の監督
　　― なし崩し的な改革の強要

また、以上の准組合員の利用に関する規制を規定したのは、附則第51条の第２項であるが、その第１項では、「政府は、この法律の施行後５年を目途として、組合及び農林中央金庫における事業及び組織に関する改革の実施状況…並びにこの法律による改正後の規定の実施状況を勘案し、農業協同組合…に関する制度について検討を加え、必要があると認めるときは、

その結果に基づいて、必要な措置を講ずるものとする（…は農業委員会に関する規定で省略）」と規定した。
◎この規定は、JA改革について、その進捗状況を管理・監督するもので、JA・農林中金が農水省の求める改革の意向に沿わない動きを取れば、更なる措置を講ずるとしている。JAは農水省が進めるJA改革について、明確な態度・方針を打ち出さない限り、農水省にされるがままの改革を強要されることになる。

注）農水省が法案説明で使っている「地域農協」という表現は、単位農協という意味であり、ＪＡが主張する、農はもとより地域全体を底上げする「地域農協」の意味とは違う。同じ「地域農協」といっても、農水省が目指すのは、農業専門的運営のＪＡである。

農業協同組合法等の一部を改正する等の法律案の概要

趣 旨

農業の成長産業化を図るため、6次産業化や海外輸出、農地集積・集約化等の政策を活用する経済主体等が積極的に活動できる環境を整備する必要がある。このため、農協・農業委員会・農業生産法人の一体的な見直しを実施する。

改正の概要

農業協同組合法の改正

◎ 地域農協が、自由な経済活動を行い、農業所得の向上に全力投球できるようにする

【経営目的の明確化】(第7条)
- 農業所得の増大に最大限配慮するとともに、的確な事業活動で高い収益性を実現し、農業者等への事業利用分量配当などに努めることを規定する

【農業者に選ばれる農協の徹底】(第10条の2)
- 農業者に事業利用を強制してはならないことを規定する

【責任ある経営体制】(第30条第12項)
- 理事の過半数を原則として認定農業者や農産物の販売等に実践的能力を有する者とすることを求めることを規定する

【地域住民へのサービス提供】(第4章第1節から第3節まで)
- 地域農協の選択により、組織の一部を株式会社や生協等に組織変更できる規定を置く

◎ 連合会・中央会が、地域農協の自由な経済活動を適切にサポートする

【全農】(第4章第1節)
- 全農がその選択により、株式会社に組織変更できる規定を置く

【都道府県中央会】(附則第12条から第20条まで)
- 経営相談・監査・意見の代表・総合調整などを行う農協連合会に移行する

【全国中央会】(附則第21条から第26条まで/第37条の2)
- 組合の意見の代表・総合調整などを行う一般社団法人に移行する。また、農協に対する全中監査の義務付けは廃止し、代わって公認会計士監査を義務付ける

農業委員会等に関する法律の改正

農地利用の最適化(担い手への集積・集約化、耕作放棄地の発生防止・解消、新規参入の促進)を促進するための改正を行う

- 農業委員の選出方法を公選制から市町村長の選任制に変更(第8条)
- 農地利用最適化推進委員の新設(第17条)
- 農業委員会をサポートするため、都道府県段階及び全国段階に、農業委員会ネットワーク機構を指定(第42条)

農地法の改正

- 6次産業化等を通じた経営発展を促進するため、農業生産法人要件(議決権要件、役員の農作業従事要件)を見直す

(第2条第3項)

効 果

- 地域の農協が、地域の農業者と力を合わせて農産物の有利販売等に創意工夫を活かして積極的に取り組めるようになる
- 農業委員会が、農地利用の最適化をより良く果たせるようになる
- 担い手である農業生産法人の経営の発展に資する

(出典:農林水産省ホームページより引用)

Part 2
今後の議論の進め方と運動展開

1．王手飛車とり
── 政府が繰り出した究極の一手

　万歳全中会長の突然の辞任は周囲を驚かせた。平成27年4月3日に農協法改正案が閣議決定された後の9日の全中理事会の場での辞意表明であった。万歳会長は辞任の理由について、農協改革について一区切りがつき、今後のことは後任者にすべてを任せたいと語った。

　しかし、辞任の理由は、衆目の一致するところ、JA改革についてJAグループが求めた「自己改革方策」（平成26年11月決定）とは程遠い内容となり、その責任を痛感してのことであったことは想像に難くない。

　政府が進めるJA改革の具体的内容は、農協法の改正であった。そしてその最大の山場は、2月12日の安倍総理の所信表明演説（農協改革）に合わせて行われた2月8日のJAグループと政府・自民党との最終調整の場であった。

　この場において、JAグループは、政府から「准組合員の事業利用規制」をとるか、「JA全中の一般社団法人化（中央会制度の廃止）」をとるかの二者択一を迫られ、後者の方向をとらざるを得ない立場に追い込まれた。もともと、このような選択肢の提示は、JAにとってはいわれなき言いがかりのようなものであるが、半面でJAグループがおかれた苦しい立場を見透かした政府が繰り出した極め付きの一手であった。

　この一手は、将棋の王手飛車取りに例えることができる。この手は彼我の間によほどの力量の差がなければ打つことができず、通常この手を打た

れた方はそこで負ける。結局のところ、ＪＡグループはそこまで追い込まれていたということであり、全中が主導してきたそれまでのＪＡ解体阻止の取り組みは完膚なきまでに打ちのめされることになった。

同時にまた、このことを通じて、王手飛車取りの王将は「准組合員の事業利用規制」であり、ＪＡグループにとって最大のアキレス腱であることが明確になった。皮肉なことに、「准組合員の事業利用規制」のこれほどの効き目に驚いたのは、他ならぬ農水省自身だったのではないか。このため、ＪＡグループは、今後「准組合員の事業利用規制」と引き換えに様々な面で譲歩を迫られる可能性が高く、「准組合員問題」は、今後ＪＡにとって避けて通るとことのできない大きな課題としてわれわれの前に立ち現われてきていることを認識しなければならない。

いずれにしても、国会審議を待たず、この瞬間において今次農法改正の骨格は事実上決定されてしまった。全中会長として、中央会制度の廃止を飲まされたにもかかわらず、なおかつ「准組合員の利用制限を回避でき、全中の代表・総合調整機能は農協法の附則に盛り込まれた」として自民党の諸先生にお礼をいわざるを得なかった万歳会長の心中は、まさに察するに余りある。

このような状況こそ、今次ＪＡ改革反対運動のすべてを物語っており、象徴的な出来事であったといってよい。この時点において、ＪＡは改革の内容と運動の進め方の両面において完全な敗北を喫した。今後の運動展開にあたっては、このような事態を冷静に直視することこそが、すべての出発点になる。

当然のこと、今後のＪＡ運動の展開については、なぜこのような結末に至ったのか徹底した反省・分析が必要である。われわれの運動は正しかった、悪いのは相手であり、これまで通りのやり方を続けていけば問題はないという認識では事態を解決することはできず、将来を大きく見誤ることになる。これまでの反省については、別途組織討議が必要だろうが、とりあえず次の諸点が指摘できよう。

①平成13年から進められている農水省のＪＡの職能組合化（農協法第1条、10条1項の改正、ＪＡバンク法の制定など）の方向について適切な対処がで

きていなかったこと、②農水省とＪＡグループとの間で、職能組合と地域組合の方向で両者に大きな亀裂が生じているにもかかわらず、ＪＡは相変わらず旧来の政府・与党（とりわけ自民党）・団体のトライアングルの中で事態の解決をはかろうとしてきたこと、③このため、対応が終始内向きで、政府のＪＡ改革についての争点が明らかにされず、組合員さらにはＪＡ段階においてさえ何が問題になっているか不明で、全く運動展開にならなかったことなどである。

　これらについての深刻な反省がなければ、ＪＡはこれまでと同じ轍を踏むことになり、万歳氏の辞任の遺志を生かすことができないだろう。そのためには、①今後のＪＡグループの自己改革対策とは何か、②今後のＪＡ運動の進め方はどうあるべきかの両面から新たな対策を講じていくことが求められる。

　①については、これまで、われわれが政府への対抗策として依拠してきたのは、全中がまとめた「自己改革方策」であったが、この内容は今回の農協法改正によって政府から全面否定された。したがって、まずは、「自己改革方策」の抜本的見直しからスタートし、そのうえで今後の新たな対策を策定していくことが必要である。

　また②については、農業問題や協同組合の問題は本来的に党派を超えて取り組むべき国民的な課題である。ＪＡグループは、協同組合原則がいうまでもなく「自主・自立」の運動を展開すべきであり、そのためには組員員・地域住民・国民目線に立った開かれたＪＡ運動の再構築が求められる。

２．議論の進め方
　　―「仮説的グランドデザイン」に対峙する「ＪＡビジョン」の確立

　これまでの「自己改革方策」は全中の自己保身的性格が強く有効な対策とはなりえなかった。中央会制度は廃止され、それどころか、われわれがこれまで「ＪＡ綱領」で謳い、今回の「自己改革方策」でもその拠り所とした「地域に根ざした協同組合」つまり「地域農協」の考え方は、政府・自民党によって全面否定された。

したがって、今後はこれまでの総括・反省を踏まえ、争点・論点を明らかにしたJAグループとしての「新たな自己改革方策」の策定が必要である。それは、①将来のJA組織のあり方（組合員制度のあり方を含む）、②系統の組織・事業運営のあり方（事業譲渡・事業分割、組織改編・株式会社への対応等を含む）、③農業振興の抜本策とJA運営の転換・自立JAの確立のあり方、④新たな制度のもとでの中央会の機能発揮・体制整備のあり方などを盛り込んだ、「21世紀における新たなJAビジョンの確立」である。
　今回のJA改革は、准組合員が総体として正組合員を上回るという事態を背景としており、戦後半世紀を経た今後のJA組織のあり方を内包した構造的問題としてとらえる必要がある。その意味で、JAは戦後はじまって以来の組織的危機に遭遇しているという認識のもとに議論を進める必要がある。
　中央会制度がなくなったといっても、全中は一般社団法人として代表・総合調整機能を果たす組織として農協法上に位置づけられたし、いずれ行政側の担当者が代われば全体がうやむやになるので、心配はいらないといった声さえ耳にするのは誠に由々しきことである。こうした思考回路は、JA組織が長年にわたって行政に依存してきたことの結果であり、最後は行政が何とかしてくれるだろうという淡い期待に基づくもので、厳に排除されなければならない。
　以上のことを踏まえると、今秋に予定されるJA全国大会の位置づけは、従来と違ったものになってくる。そのもっとも異なる点は、従来の大会は向う3か年の運動方針を決定するというものであったが、今回は問題・課題提起の大会とし、「新JAビジョン確立」の議論の出発点とすべきという点であろう。従来の延長線上での大会開催は意味がなく、それどころか、JAを将来的に間違った方向に導くことになる。大会は開催自体が目的ではないのだ。
　全中は次期JA全国大会をどのように位置づけているのだろうか。27年7月に決められた、第27回JA全国大会組織協議案『創造的自己改革への挑戦』を見ると、戦後始まって以来のJAの組織的危機などの認識は全く感じられないどころか、運動の総括・反省もなく、これまでの延長線上の

意識で事態の解決をはかろうとしているようにしか見えない。

　万歳会長の辞任を受けた、全中会長選挙では候補者のいずれもが、全中改革を訴えた。新会長には、従来のいきさつにとらわれない強力なリーダーシップが求められると同時に、改革を進めるＪＡ・都道府県中央会の力強い後押しが必要とされる。

　前述のように、今回の政府提案のＪＡ改革は、総合ＪＡ否定・協同組合否定の一貫した考えのもとに全体構想として示され、法改正でも着実に実行に移されてきている。したがって、われわれは、これに対峙する全体構想としての「ＪＡビジョン」を策定して議論に臨まなければならない。「グランドデザイン」には「グランドデザイン」で対抗しなければ、われわれの主張を通すことはできないし、農水省の思い通りの改革が進められることになる。

　そのためには、大会で問題・課題提起した内容についてＪＡ・都道府県段階で議論を巻き起こし、その意見を集約したうえで、上記の「新・ＪＡビジョン」として盛り込むべき内容（上記①～④）を、全中の総合審議会において徹底して議論して一定の方向を打ち出していくべきである。①～④の内容は、相互に密接に関連しており、ワンセットで議論されなければならない。

　いずれにしても、議論は、①総合ＪＡ（農業＋地域）VS農業専門的ＪＡ（農業）、②協同組合的運営VS会社的運営、③農業政策の対象としての多様な農業者VS専業農業者などの争点・論点を踏まえてわかりやすく展開される必要がある。

　協同組合は、窮地に陥るほどに強くなる組織である。政府による今回の農協改革の提案を奇貨として積極的に議論を巻き起こし、ともに学び合うことでより高い次元のＪＡ運動につなげていくことが肝要である。

3．今後の運動展開
　　　― 組合員・地域住民・国民目線に立った開かれた運動展開と自立ＪＡの確立

(1)　開かれた運動展開

　今回のＪＡグループのＪＡ改革対応の敗北は、農協法改正について国会

審議に入る前に政府から王手飛車取りの手を打たれ、万事休したことに象徴される。その原因は、運動的側面から見れば、全中がこの問題をいち早くJA・組合員のものとせず、専ら閉ざされた自民党対応に終始するという致命的ミスを犯したことにある。

国会論戦において民主党が、「地域のための農協」として法律上にJAの役割を明記すべきと主張したのは全くもって当を得た見解であった。JAグループも「自己改革方策」で、職能組合と地域組合の性格をあわせ持つ「食と農を基軸として地域に根ざした協同組合」として、JAの役割を農協法上に位置づけることを主張しており、両者の意見は一致している。

こうしたJAがめざす方向は、国民的理解のもとで与野党を問わず、多くの議員の賛同を得られたものと推測できるが、残念ながらそのような展開に持ち込むことができなかった。実際、JAがめざす「地域農協」の方向を丁寧に説明して行けば、農業問題の難しさを少しでも理解している者のほとんどは、議員、行政首長、地域住民、国民を問わず、その方向を支持するだろう。

JAはそうした力を結集することで、農水省のタテ割り・専門の官僚行政を変えることができる。今後のJAの方向は、これまでの運動展開の反省をふまえ、特定政党に対する閉ざされた対応からは一線を画した、組合員に依拠し地域住民・国民に開かれた自主・自立の運動展開への転換である。

(2) 自立JAの確立

こうした自主・自立のJA運動を展開するにあたっては、自立JAの確立がその基礎になければならない。JA改革についてこのような事態を招いたのはJAにも反省すべきことが多く、自らに甘えの構造があったことに留意が必要である。

農水省は、「経済事業のあり方についての検討方向について（中間論点整理）」（2005年）で整促7原則（予約注文、無条件委託、全利用、計画取引、共同計算など）をやり玉に挙げ、これがリスク意識のない経営感覚の蔓延を招いていると厳しく糾弾した。この整促7原則による方式は、無敵の事業方式といえるもので、農協の再建整備に大きな力を発揮した半面、この

方式が全面的に組合員の力に依拠したものであるところから、経営責任を薄れされるものでもあった。

　農水省の目には、こうした協同組合的運営がJAという組織維持のための方便になっており、農業振興に力を入れないもとになっていると映っている。法改正にあたって協同組合的運営を否定しているのはこのためだ。こうした協同組合批判の考え方に対抗していくためには、協同組合のやり方で新機軸を出し、その考えを払しょくしていくことが重要である。われわれも既存の協同組合に安住することは許されない。

　JAは、①組合員への依存、②、総合JAへの依存、③連合組織への依存、④行政への依存が可能という誠によくできた組織であるが、これはJAが持つ組織の特質からくるものだ。JAはこれらの特質を持つことで安定した経営を行うことができるが、半面でリスクを取ろうとしない経営体質を生むことになる。

　もちろん、こうした組織特質からくる依存体質から脱却すべく、自立JAの経営を実践しているJAもあるが、多くはこの依存体質から抜け出すことなく、良いとこ取りの経営が行われているのが実情だろう。組織は運営装置が良ければよいほど、その装置の良いとこ取りに陥る。

　JAにはこの弊害を是正し、自立の道を歩む努力が求められる。今後、これらの依存体質から脱却し、自らリスクをとるという一般企業では当たり前の経営姿勢への転換が必要で、とりわけトップマネジメントにその覚悟が求められる。

①安易な組合員依存からの脱却

　組合員に依拠し、その意思を体現した運営はJAの基本である。しかし、組合員に寄りかかり、自らリスクを取ろうとしない経営は排除されなければならない。組合員がいうからしょうがない、こうなったのは組合員のせいだなどと、経営の結果を何かと組合員のせいにするのは経営者としては失格だ。JAは協同組合として、今や大きな企業体である。JAリーダーには、社会的企業（Social Enterprise）の経営者としての自覚が不可欠である。JAや中央会・連合組織のトップは、名誉職などではなく、企業家としての能力発揮が求められる。

②安易な総合ＪＡ依存からの脱却

　総合ＪＡは、信用事業兼営が可能な100年を超える、優れたかつ得難いビジネスモデルである。信用事業を兼営し、資金繰りについて心配することがないことなどは、一般の会社経営では考えられない。しかし、その強みは水や空気のごとく当たり前のこととして認識されており、ＪＡはその優位性を十分に生かした経営を行っているとは言い難い。逆に、ＪＡ規模の拡大によって事業縦割りがより一層進行し、組合員のニーズは事業別に分断された運営が行われている。

　今後は、組合員の営農・生活面における横断的な組合員情報に基づき、営農スタイル・ライフサイクルに対応した組合員の幸せを追求する、総合ＪＡの強みを生かした経営が行われるべきである。総合ＪＡの仕組みを守るのは外部の力ではなく、組合員自らそれを必要とする内部の力である。

③安易な連合組織依存からの脱却

　ＪＡは単位ＪＡの段階では組合員の協同活動に基づく総合事業を行い、他方事業の専門性を確保するため連合組織を持っている。ＪＡ事業のうち、経済事業については農業者の所得確保のための存在であり、組合員中心のボトムアップの事業展開となり、逆に信用・共済事業については、得られた所得の有効活用を本旨とするため、トップダウンの事業展開となる傾向が強い。つまり、ＪＡは総合事業の中で、全く性格の異なる二つの事業を行っているのだ。

　以上の事業特性に加え、ＪＡ経営は組合員依存、連合組織依存の体質を持っていることから、経営の基本であるPDCA（計画・実行・評価・改善）がどうしても甘くなるという実情がある。こうした弊害を除き、ＪＡ経営の生命線である組合員・ＪＡを起点としたPDCAを確立していくことは、自立ＪＡ確立の基礎である。

④安易な行政依存からの脱却

　ＪＡは農業問題を抱えるだけに行政との緊密な連携が必要なことはいうまでもない。行政との連携はＪＡ段階では緊密に行われており、都市化地帯や中山間の農業不利地帯では、行政の肩代わりをしているＪＡも多くある。また各種アンケート調査の結果でも行政側からの農業振興に対するＪ

Ａへの期待は大きい。したがって、安易な行政依存からの脱却とは、ＪＡの農水省に対する依存からの脱却を意味する。とくに、今後のＪＡ運動の展開の方向は、最後は行政が面倒を見てくれるという意識を持つことは禁物で、まさに自主・自立の姿勢の確立こそが重要である。

Part 3

共通課題

1．職能組合化の方向と総合ＪＡ

　農水省がこれまで取ってきた職能組合化への方向については、ここまで大きな溝をつくってきたことに、われわれも反省すべき点が多い。農水省によれば、ＪＡを農業振興の手段に位置づけた農協法改正とＪＡバンク法（いずれも平成13年）はセットのものであり、ＪＡの職能組合化をめざしたもので、それ以来10年以上の執行猶予期間があったはずだということだろう。

　半面でＪＡグループは、ＪＡを職能組合に転換するという政府の本気度をいち早く察知し、農業振興への取り組みを強化するとともに、総合事業によって、ＪＡは、農業振興はもとより地域振興に寄与する存在であることを農水省対して明確に表明して論戦しておくべきであった。

　だが、現実にはＪＡは本音のところでは「地域農協」の方向をめざしつつも、農水省の指導には従順に従ってきた。その背景には、農水省の指導に従っておいた方が得策であり、まさか農水省が職能組合化に向けて、今回の中央会制度の廃止のような極端なことはしないだろうという、甘い認識があったことは否定できない。

　全中がまとめた［自己改革方策］についても、取り組みの基本は「食と農を基軸として地域に根ざした協同組合」となっており、農水省の職能組合化の方向と全くかみ合っていない。方策とりまとめ後の記者会見（平成26年12月）でも当時の西川農相は、当局の指示通り、理由もなくＪＡが行う地域振興への取り組みを否定してみせた。こうした対立は、農水省が官

僚組織、ＪＡが協同組合組織という組織の本質の違いに根ざすものであり、簡単に解消するものではないが、ＪＡにはその解消を目指す不断の努力が必要とされる。

(1) **農業振興について**

　農業振興については、職能組合化の方向は農業政策がうまくいかないことの責任をＪＡに押しつける行政の身勝手な論理であるが、それでもＪＡは農業協同組合である限り、農業振興について一段の努力が求められる。

　そのポイントは、ＪＡ・連合組織が自ら農産物の生産・加工・販売・消費段階まで直接のかかわりを持つことではないだろうか。

　これまでのＪＡの取り組みは、出向く営農、ＪＡや行政による営農指導のワンフロア化、さらには農産物直売所の運営や生産法人の育成など、いずれも組合員の協同活動を請け負い、これを助長していくものであるが、今後は、ＪＡ自ら農業生産に乗り出し、営農指導のノウハウの蓄積や法人設立モデルの構築などに取り組んでいくことなど、それを超える対策が必要だろう（先進ＪＡではすでに取り組まれている）。

　また、６次化に対する取り組みとして、ＪＡグループはその機能のすべてを備えていながら、現状では生産者・ＪＡ・連合組織間でその機能は分断されている。今後、その機能を統合する新たな組織（県域・県域を超える新組織）づくりを視野に入れるべきではないだろうか。農林中金や全共連もファンドの設定ばかりでなく、自らＪＡや全農などと一体となって６次化の実施主体をつくり、経営責任を負っていく発想が必要であろう。

　いずれにしても、従来のＪＡのイメージを変える、言うならば、総合ＪＡの中に専門農協をつくるがごとき農業振興の抜本策が求められる。総合事業という、大きくフレキシブルな器の中で、その能力をフル回転して農業振興に全力をあげることで、総合ＪＡの社会的役割を示すことができる。

　また、ＪＡの斬新な農業振興への取り組みを、いかに消費者の心をとらえる形で伝えられるか、対外広報の手腕強化も課題である。折角の農業振興の取り組みも、それが消費者に伝わなければ何の意味もない。この点、連合組織ごとの事業広報に加え、ＪＡおよびグループ全体の斬新な取り組みを伝える広報体制の確立が求められる。イメージ戦略確立のためには、

優れた外部の専門家の知恵を借りることが必要だ。広報対策の経費を出し惜しみ、「われわれは農業振興に懸命に取り組んでいる」、「知らないのは消費者が悪い」などという独りよがりの考えは、ＪＡのお人好しの体質を表すものでしかない。

(2) 総合ＪＡとしての取り組み

「総合ＪＡ」は21世紀における得難いビジネスモデルであるが、その基本はＪＡが組合員の営農支援活動と生活支援活動の両方に取り組んでいることにある。つまり、ＪＡは信用・共済などの事業を通じて、生産者の組合であると同時に生活者の組合の性格をあわせ持つ組織なのだ。

ここでいう生活者とは、農家もしくは地域農業への理解と協同組合への信頼をもとにＪＡを利用する者であり、生協や信用組合を利用する者とは少し性格を異にする。戦後の日本の協同組合法制は、アメリカ流の業種別専門組織を念頭に置いたものであるが、食と農を通じて、生産者と地域の生活者が組合員としてともに共通の利益と価値を求めること、生産者の所得増大・生活向上とあわせ、地域の生活者の生活安定・向上をはかるという、日本的総合農協の形があって何もおかしいことはない。

こうしたＪＡの組織特性は、ＪＡが信用事業を兼営できる仕組みを持っているからに他ならず、産業組合以来の日本独自のものである。現在の国際的な協同組合原則（第7原則）のモデルとなった「地域への関わり」は、総合ＪＡにして初めて可能なことである。なかでも、一般的には不採算部門といわれる農業・経済事業分野の赤字をスポンジのように吸収し、農業振興に貢献していることは総合ＪＡだからこそできるワザである。

農水省が唱える信用・共済事業の分離は、一般の企業常識では考えられない収益部門をわざわざ切りはなすことであり、果たしてこのような政策で地域の農業が守られるのかどうか、組合員・地域住民・国民目線で開かれた議論を巻き起こしていく必要がある。

また自らのＪＡ運営においても、抜本的な見直しが必要である。これまで、ＪＡは目先の組織防衛の観点から、農水省の前では面従腹背的に、ひたすら生産組合の姿を演じてきており、農水省が進める職能組合路線を論破できないできている。たとえば、ＪＡでは1970年にいち早く、「生活基

本構想」を策定し、組合員の営農と生活活動を車の両輪として運動を進めるとしているが、真の意味でこのことを推進してきているとは言い難い。

　それは、信用・共済事業の位置づけを組合員の生活活動・生活支援事業として明確にしていないことに現れている（農水省は信用事業を組合員の営農支援としての貸付・融資事業としてしか位置づけていない）。

　全中が指導する生活活動とは、高齢者福祉・教育文化・食農教育・健康管理活動などで、信用・共済事業はその埒外にされており、これは全中が農水省と同じく職能組合の認識のもとにあることを物語っている。つまり、ＪＡは総合事業の展開について、生産組合という木に、信用・共済事業という竹を接ぐがごとき運営を行っているのである。

　農水省がＪＡの生活支援活動否定の指導を行うのはタテ割り行政の弊害としても、ＪＡが事業の太宗を占める信用・共済事業について、組合員にとっての生活支援事業として明確に位置づけないというのは、果たして協同組合といえるのかどうか疑問である。加えて、ＪＡは合併による規模拡大で、タテ割りの事業推進が一層進行しており、これではＪＡの生命線である総合ＪＡを自ら否定し、信用・共済事業分離の素地をつくっているようなものである。

　ＪＡ、とりわけ農林中金・共済連が准組合員の事業利用規制（それはとりもなおさず信用・共済事業の利用規制）に恐れおののくのは、准組合員を事業利用の対象としてしか見ていないからであり、事業利用の対象としてしか見ていないのは、正組合員とて同じことなのである。これでは、信用・共済事業分離論に勝つことは難しい。

　この際、ＪＡは今更ながらの「食と農を基軸として地域に根ざした協同組合」を唱えるだけではなく、農業振興の抜本策やＪＡ運営の転換をめざした内容のある「新・ＪＡビジョン―地域農協の確立」を徹底した組合員討議のもとに行っていくべきである。それは、われわれが長年にわたって経営理念としてきた「ＪＡ綱領」がめざすＪＡの姿を現実のものにすることでもある。それには、農業生産者を中核として、地域の生活者を包含する21世紀における「新たなＪＡ運動」の提起が必要で、取り組みにあたってはＪＡ組合員・役職員の共通認識と一致した覚悟が求められる。

２．協同組合論の不毛

　今回のＪＡ批判を通じて協同組合への認識・研究不足も露呈された。ＪＡはこれまで、自らの組織存続のためには、主務省たる農水省の意向に従った方が得策と考え、自身の存在を深く考えない運営を行ってきている。このため、協同組合についての認識・研究は、二の次三の次とされてきており、今回のＪＡ改革を通じて積年の協同組合論の不毛が一気に表面化した。

(1) 地域農協論

　「職能組合」と「地域組合」については、日本の高度経済成長期以来、古くからの論争があり、研究者の間では農協界最大のテーマとされてきた。しかし、ＪＡではこうした論争にはほとんど無頓着で、理論的整理が行われないまま、農業が衰退するなかで「地域農協」としての実態をつくり、その実態からくる「地域農協」の考え方を運営の基本としてきた。

　その一方で、ＪＡは農水省の職能組合の考えに同調し、実際の経営でもその指導に従ってきている。この結果、今回の農協改革の論争を通じて、ＪＡは実態としての「地域農協」の存在を理論的・実際的に主張できておらず、農水省が示す職能組合の考え方を論破できていないことが明確となった。

　「自己改革方策」でも、自分のことは自分でやる、政府は余計な口を出すなというもので、両者の考え方は全くかみ合っておらず、むしろその溝は広がってきている。ここにＪＡ・協同組合論最大の不毛がある。今後、１．で述べたような観点に基づいて、理論と実際の経営に裏打ちされた内実のある「地域農協論」の確立が求められる。

　ＪＡは高度経済成長期を経て、信用・共済事業が急速に伸長し、「地域農協」としての実態を整えていった。このため、研究者の間の職能組合論ＶＳ地域組合論の論争は、地域組合論の圧勝に終わったかのように見えた。しかし、地域組合論は、ただＪＡの地域組合の実態を説明しただけで、理論として確立されたものではなかった。

　地域組合論の基礎にあるのは、日本的総合ＪＡなのであるが、海外の協

同組合関係者でその評価が高いものの、わが国では、その理論的研究はほとんど行われていないのが実情である。調子のよい現状追認と、それを説明するだけの地域組合論では、農水省の職能組合論を論破することはできない。

(2) **監査**

中央会監査について、全中は自らの組織保全を最優先し、およそ組合員や国民を蚊帳の外に置いた議論を行ってきている。全中では中央会監査を死守するため、公認会計士監査と違う点は業務監査を合わせ行うことにあるとし、監査コストと合わせてその優位性を主張してきた（これに対して、中央会監査を否定する立場からは、中央会監査は業務監査を合わせ行うことで監査の独立性が阻害されると主張する）。

しかし、公認会計士監査と中央会監査との違いは、前者が不特定多数の人々に対して会社への投資判断の材料（財務諸表の適正表示）を提供するのが目的なのに対して、協同組合監査たる中央会監査は財務諸表の適正表示は無論のこと、そのことを前提として、メンバーたる組合員の付託にいかに応えているかを目的として監査が行われる点にある。公認会計士監査は財務諸表の適正表示の証明という監査目的に照らして必要とされないから業務監査を行っていないのであり、会計監査との連動や監査の独立性は本質的なものではない。

両者の違いは前述の監査目的にあり、協同組合監査たる中央会監査は合法性（独禁法の適用除外の要件を満たしているか、各種法令違反はないか等）や合理性（労働生産性等各種経営指標による判断等）の判断をあわせ持ち、さらにそれを超えた、業務がいかに協同組合らしく運営されているかの合目的性の監査（非営利・メンバーシップ組織の監査）を行うことにある。全中はこのことを争点にして、広く組合員や国民に中央会監査の社会的役割・重要性をアピールすべきであった（この点、一方で、実際に合目的性に基づく監査が行われていないので、その主張ができなかったともいえる）。

全中の監査から会計監査人（法人）による監査に移行しても、業務監査とは名ばかりで、農業協同組合業務運営監査がおろそかにされ、公認会計士監査と同じ会計監査に傾倒した監査ばかりが行われるようでは、その独

自性を発揮していくことは難しいだろう。現行の中央会監査基準は、公認会計士が行う財務諸表監査を念頭に置いたものになっており、これに加えて新たな「農業協同組合業務運営監査基準」(仮称)の検討が必要だろう。なお、こうした観点からすると、歴史の違う生協はともかくとして、新たな監査法人は同じ協同組合である漁協なども視野に入れたものが想定されるべきだろう。

 注) 1．ＪＡがいう業務監査は「一般の株式会社のそれとどのように異なるのか明確ではない」という「規制改革会議」(農水省)の意見は的を射たものである。今後研究・用意されるべき「農業協同組合業務運営監査基準」に、農水省が考えるＪＡの農業振興の役割を取り入れることは、ＪＡ運営につての農水省との溝を埋める有力な手段となるのではないか。
   2．中央会が行う業務監査には、①ＪＡが経営組織体として上手くコントロールされているかという内部監査的要素、②ＪＡが農業協同組合らしい運営を行っているかという教育・指導的要素の二つがあると考えられ、今後は、とくに②についての監査基準の検討が必要と思われる。

(3) 教育と協同組合的運営

　教育の軽視ないし無視は、農協改革を通じた一貫した考え方である。東京農工大名誉教授の梶井功氏が指摘するように、平成13年の農協法改正でＪＡ事業から教育の文言が消され、今回の法改正で中央会の規定からも教育の文言は姿を消した。

　いうまでもなく、教育は協同組合運動の手段だけでなくその目的とされ、協同組合にとって教育は特別な意味を持つ。教育重視は、協同組合が助けあいという人間の本性（Human Nature）に基づく組織であることからくる本質的な問題である。助けあいという人間の本性は、競争という人間の本性の前ではあまりにも弱い。

　したがって、競争社会を勝ち抜くためには、協同活動を行うための教育が必須である。こうした事情から、ICA（国際協同組合同盟）の協同組合原則でも一貫して教育重視が掲げられている。教育活動と協同組合活動はほぼ同義であり、教育無視は協同組合無視を意味する。農水省はＪＡを会社的運営にするために、意図的に教育を法律から抹殺しているのであり、

その戦略は極めて効果的かつ適切なものだ。

　こうした農水省の意図をＪＡは見抜いているのだろうか。ＪＡ運動の司令塔・全中がつくった「自己改革方策」では、全中の機能を、①経営相談・監査、②代表、③総合調整の三つの機能に集約するとして、教育は除かれている。ここに、「自己改革方策」が全中の自己保身を最優先したものと考えられる所以があり、協同組合論不毛の極地がある。全中は、教育機能なくして代表・総合調整機能を発揮できないことを深く認識すべきだ。

　しかし、このことは全中のみに責任を負わせることはできない。ＪＡの役職員、はてはＪＡ・協同組合研究者もこれに関心を示し、警鐘乱打する者が少ないというのが現状である。教育の軽視・無視はＪＡ・協同組合運動最大の危機といっていいだろう。

　いま一つは、会社的運営についての認識である。「自己改革方策」では、全農をはじめとした連合組織の株式会社化の問題は、独占禁止法の適用除外について問題があるとしているものの、その是非について明確な判断を下していない。それどころか、経済事業の負担軽減のため、信用事業におけるＪＡの支店化や代理店化についての手数料の計算や代理店モデルの提示などこれを容認する考えを示している。

　こうした問題は、ＪＡ運営の基本にかかわる問題であり、事業のことは事業連に任せるなどいうことではなく、全中がＪＡの意見を聞いて大所高所から判断を下し、将来の方向を指し示していくことが肝要だ。そのために全中会長への諮問機関として、「総合審議会」という場が設けられている。

　ＪＡ出資の会社化は、ＪＡの経済・信用・共済事業のすべてにわたって提案されており、この提案は、これまでのボトムアップの協同組合的運営を根底から「丸ごと」変えようとする明確な意図のもとに提案されている。全中は、こうした提案に対して、そんなことはできっこないと高をくくり、かつ自分のことは自分で決める、それが自己改革だなどという不遜な考えではなく、今回の提案は協同組合を否定するもので、ＪＡとして取るべき道ではないことを、しっかりとした理論武装のうえで内外にはっきりと表明すべきである。それこそが全中が持つ代表・総合調整機能の発揮というものである。

「自己改革方策」では、全農の株式会社化について、「組織形態の重大な変更であるため、全農総代の合意形成が前提、また、独禁法の適用除外が外れた時の事業の影響なども引き続き検討」となっているが、これではこの問題をどうとらえ、何を判断すべきか全くわからない。問題の本質や論点が不明確では運動にならない。

こうした問題に限らず、全中の経営問題に対する考えは極めて曖昧だ。10年一日のように童門冬二氏の「協同の心」が唱えられる一方で、ＪＡ経営について今最も重要な「自立ＪＡ」の方向が示されることはない。また経営についての独自の研究が深められず、たとえば経営の最大課題であるマーケティングについて、協同組合・ＪＡとして独自性のあるマーケティング論が展開されることはない。日々の協同組合運動の死闘の中で組合員の利益を守る協同組合経営とはいかなるものであるかを研究していくことは、ＪＡ批判への対抗のみならずＪＡの生き残り・発展の理論武装として喫緊の課題である。

ロッチデール組合が世界最初の協同組合といわれるのは、組合店舗の運営方法が協同組合原則のもとになったのであり、協同組合はその運営原則を確立することで世界の協同組合になったことを考えれば、ＪＡ・協同組合組織の運営方法＝ＪＡ・協同組合経営の研究の重要性がわかろうというものである。協同組合教育は協同組合経営の研究と不離一体であり、それなくして教育は念仏となり、不要なものとして一掃される運命にある。

３．准組合員問題
　　― タブーへの挑戦

この問題について、改正法では、「政府は、准組合員の利用に関する規制の在り方について、施行日から５年を経過する日までの間、正組合員及び准組合員の組合の事業の利用状況並びに農業協同組合等の改革の実施状況の調査を行い、検討を加えて結論を得るものとする」と、今後のＪＡ改革における最大の問題となっている。准組合員の問題は、前述した将来的なＪＡの姿と不可分の関係にある。

いうまでもなく、この問題のポイントは、准組合員をＪＡの部外者と考えるのか、ＪＡと一体の存在と考えるかの違いにある。農水省は准組合員をＪＡの部外者と考えており、員外利用規制に加え、准組合員についても利用規制をかけるべきとの考えに立っている。しかし、そもそもこうした考え方には大きな疑問がある。協同組合としてメンバーシップをとるＪＡでは、員外利用は遵守しなければならないが、ＪＡの活動に賛同し出資金を払ってＪＡに加入した准組合員に対して、何ゆえ利用制限をかけなければならないのか。

　今回のＪＡ改革に対する農水省の考え方は、協同組合に対する理解がなく、協同組合の組合員であっても基本的に専業農業者でなければ相手にしないという考えに立っており、当然のこと准組合員はＪＡにとっては部外者ということになる。したがって、ＪＡがこれに対抗するには准組合員は、准といえども組合員であり、組合員として位置付けること（共益権の問題）が必要ということになる。

　従来、ＪＡでは准組合員の共益権の問題を取り上げると、議論は一挙に職能組合の考え方（総合ＪＡの否定）に向かって雪崩を打つのではという危機感から慎重にこの問題を避けてきたが、今回の法改正を契機に本格的な検討をはじめなければならない状況にある。

　准組合員対策について、「自己改革方策」では、農業振興と地域振興が一体となった機能発揮のためには、「組織分割・事業譲渡や准組合員の利用制限ではなく、准組合員を農業や地域経済の発展を共に支えるパートナーとして位置付け、准組合員の事業・運営への参加を推進」し、続けて「准組合員への共益権のあり方などを含め、今後の組合員制度について、法制度を含め検討」するとしている。

　このうち、「准組合員への共益権のあり方などを含め検討する」というのは、ＪＡグループとしてはじめて踏み込んだ内容であり、ここにこの問題解決の糸口を見出すことができる。

　准組合員への共益権の付与は、ＪＡ組織の性格論とも関連し、困難な問題であり多くの議論が必要とされようが、進め方の一つとして、具体的には農業者の利益を守りつつ、准組合員の意見をＪＡ運営に反映させるため、

准組合員に対して限定的に共益権を付与する方法が考えられる。

　共益権の付与については、これまで共益権たる議決権などについて、その制限つき行使は困難であるとの認識が一般的であり、タブー視されてきたという面もあった。実際、議決権を制限する准組合員対応については、全中からの問題提起がなく、ＪＡグループでも知らない人がほとんどであり、これが議論の進展を妨げている一因と考えられる。

　ともあれ、准組合員への共益権の付与は、ＪＡのパートナーとしての位置づけを具体的に担保するものであり、そのためには従来の農業振興は農業者だけで行うという偏った考え方から、農業振興は農業者だけでなく、広く地域住民の協力のもとに行われるべきものという意識の大転換が必要になる。この意識の転換は、主務省たる農水省とＪＡの双方に求められるものだ（次図）。

　農水省は無論のこと、ＪＡにも准組合員に共益権を与えれば「庇を貸して母屋を取られる」式の閉鎖的な考えがあり、相当の抵抗感があるが、こうした意識の転換があって初めて、准組合員へ共益権を与える糸口が見えてくる。

　現在の農協法では、准組合員について地区内に住所を有する個人・継続的にＪＡ事業を利用する者となっているが、これに「農業振興に賛同・貢献する者」を付け加えることも考えられるべきだろう。平成13年の法改正で、地区外の者であっても継続して事業を利用する者を准組合員とすることができるようになったが、これは、地区外の者がＪＡの直売所を利用するなどのことを想定したものであり、准組合員の資格として新たに農産物を消費するという観点を入れたものであった。このように、准組合員を農産物の消費者目線でとらえること、さらには広く「農業振興に賛同・貢献する者」としてとらえることは、農水省指導の方向とも一致するのではないか。

　職能組合論の立場に立つ農水省はともかく、「地域農協」の考えに立つＪＡでも、准組合員に対して「由らしむべし、知らしむべからず」といった態度で臨むのは、ＪＡの良いとこ取りの経営であり、組合員の組合員による組合員のための運営という協同組合の考えにもとることになる。准組

合員への利用規制は困るといいつつ、また事業を利用してもらうためにひたすら参加・参加を連呼するのは、准組合員を馬鹿にしたＪＡの身勝手な言い分といえないか。准組合員の事業利用規制は困ると声を上げるのは、ＪＡだけでなく利用者たる准組合員でなければならない。

　いずれにしても、従来のように、農業は農業者だけのもの、それも専業農業者だけのものという考え方に立ち、組合員資格も専業農業者だけのものというように狭く考えていく限り、准組合員問題を解決することはできず、農業・ＪＡはますます孤立していくだけである。

図　農業を支える人びと

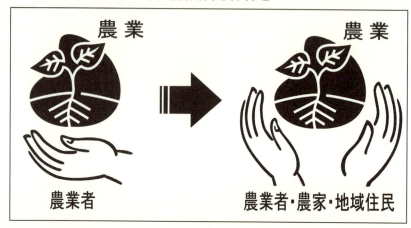

注）1．共益権とは、組合の管理・運営に参画することを目的とした権利の総称で、次の権利のことをいう。①議決権、②選挙権、③総会招集請求権、④役員改選（解任）請求権、⑤参事または会計主任の解任請求権（農協法研究会著『よくわかる農協法』全国共同出版株式会社2014年）。組合員の権利には、自益権（組合を利用する権利）と共益権があり、正組合員にはこの二つの権利が与えられているが、准組合員にはこのうちの自益権しか与えられていない。

2．准組合員への限定的な共益権の付与とは、正組合員に対する二分の一共益権の付与（総体として准組合員に対して、正組合員の二分の一の共益権を与えること）、また、准組合員に何らかの形で共益権を与えたうえで、重要決定事項について、正組合員に拒否権を与えることなどをいい、議決権の弾力的運用は、ヨーロッパやアメリカの協同組合では特別のことではない。一人一票の議決権行使の弾力的適用については、明田作『総合ＪＡのガバナンス』（農業と経済）を参照のこと。

准組合員は、信用・共済事業の収益が経済事業の赤字補てんに使われていることを問題視してはいない。このことは、意識的かどうかは別にして、結果的に准組合員自らが農業振興に貢献することを認めていると考えていいだろう。現状ではＪＡから准組合員への働きかけがなく、共益権付与の要望は表面化していないが、ＪＡでは今後地域の農業振興について、准組合員との対話を積極的に行っていく必要がある。

　そうすれば、准組合員から消費者目線に立った農業振興についての様々な建設的な意見が出されよう。限定的にせよ准組合員に共益権を付与することは、ＪＡの将来ビジョンの確立と不可分の関係にあり、ＪＡは果敢にこの問題に挑戦していくことが求められる。

　共益権の付与など農水省は認めっこない、そんな非現実的なことは主張しても意味がないというのは、ＪＡが協同組合でないことの証しにならないか。実はこの問題は、行政ばかりでなく、よそ者を受けつけようとしないＪＡの閉鎖性に大きな原因があると認識すべきであり、自らの組織のあり方の問題として議論して行くことが重要である。実現に何年かかろうとも、自己のあるべき姿を主張し続けて行くことが、将来的にＪＡの存在意義をより確かなものにしていく。協同組合運動はロマンであり、ロマンの追求と現実直視の二つの思考が新しい地平を切り拓いていく。

　1986年の全中総合審議会は、それまでタブー視されていた①一戸一組合員主義から複数加入への転換、②准組合員対応の強化を答申した。それ以来、ＪＡは約30年ぶりに准組合員への共益権の付与という新たなタブーに挑戦しなければならない局面を迎えている。

　ＪＡは、事業情報を通じてすべての組合員情報を知りうる立場にあり、まずは、准組合員はどのような人たちであり、事業利用を通じてＪＡに何を求めているのか、基礎的な実態調査から始められるべきである。調査は農水省や中央会の指示を待つのではなく、ＪＡの将来を決める重要なことと認識し、ＪＡ自ら何が知りたいのか、自分の頭で考えることが重要だ。

4．自主・自立

　「自己改革方策」でのJAの自主・自立の運動とは、自分のことは自分で決めるので、政府は余計なことは言うな、介入するなというものであるが、こうした態度は不遜であり、JA運動を発展させていく意味でマイナスにさえなる。本当の自主・自立とは、相手側の主義・主張を分析し、争点・論点を明らかにして、組合員や地域住民・国民の理解を得て自らの主張に基づく運動を進めることである。

　協同組合原則（24頁参照）の第4原則である「自主・自立」は、政府を含む外部組織との取り決めや資本調達をする場合に、協同組合としての独自性を保つというものであり、また、協同組合の政治的中立を発展させたものでもある。JAは農業問題をかかえるだけに、とりわけ政治に対する自主・自立は重要なポイントである。

　この点について、本来、農業問題や協同組合の問題は超党派で取り組まれるべきものであり、JAの政治姿勢もまた、政党との等距離姿勢を持つことが必要である。かつてJAグループは自民党の大規模農家誘導の経営安定対策に反発して民主党を支持したが、その失望・反動から一転して自民党支持に戻った。

　この結果、より一層の農家の選別政策が取られ、戸別所得補償の考えは否定されることになった。そして今、JAは解体の危機にさらされている。このことをみれば、政党への等距離対応が重要なことがわかる。個人としての政党支持はもちろん自由であるが、組織としての与党一辺倒の硬直的な対応は、時として大きなダメージを蒙ることになる。

　小選挙区制のもとでの等距離対応は困難をともなうが、そのためには泥沼の政界の中で政治力を発揮する指導者の政治的センスとリーダーシップが問われる。とくに、JAの代表機能を果たす中央会、とりわけ全中会長には、党派を超えて自らの主張を実現していくしたたかな力量が求められる。元全中会長の宮脇朝男が歴史に名を止めたのは、中選挙区制のもととはいえ、自らの農民運動の経験をふまえ、自民党から共産党まで幅広い人脈を駆使して農協の存在を世に知らしめたことにあった。

また、中央会の代表機能として農政活動は重要であるが、選挙活動をともなう政治活動との間には、明確な線引きが必要だ。法改正前の中央会は農協法73条で規定された半ば公的機関として、政治活動とりわけ選挙活動には細心の注意が必要とされた。今回、全中が総合調整・代表機能を果たす一般社団法人として農協法の附則に位置づけられたこともあり、政治力の発揮・選挙活動については、ＪＡ・中央会と農政協（全国農業者農政運動組織協議会）との間での機能分担を明確にして行くことが重要である。これまで農政協は中央会に比べて大きな力を持ちえず、本来の機能を発揮していないが、今後は中央会との機能分担のもと、その役割強化とリーダーシップの発揮が求められる。

　また、政治力の発揮については、安易に中央中心の政治折衝に頼ることは慎むべきであり、それが国民に、主に農家ではなく農協の利益集団（interest group）の行動と映ってしまってはかえってマイナスとさえなる。ＪＡ批判を誘発するとして、自らの立場を堂々と主張できないような環境をつくり上げては、ＪＡ運動は失敗である。農政運動の基本は幅広い地域から中央に攻め上る政治勢力の結集をはかっていくことが重要であり、ＪＡ運動は、常に広く国民的理解を得たものでなければならず、内向きの運動はＪＡを孤立させ成功しない。

　とくに、政・官・団体のトライアングルの関係が崩れた今、閉ざされた自民党一辺倒の対応ではあらゆる面で事態を変えることはできず、ＪＡ改革への対応は、幅広く地域の声を政治に反映させて行くＪＡ運動・農政活動への転換が不可欠である。

　　注）もともと、中央会は農業振興の政策立案・遂行団体であるが、政治団体ではない。農政協は、1988年の総務庁による「農協の行政監察」への反省から、全中によって89年に設立された。「農協の行政監察」は、86年の衆参同日選挙の際、全中が農業政策について衆参両院の全議員に対して踏絵を踏ませたことに当時の中曽根総理が激怒し、その報復として国家権力によるＪＡ批判として行われた。

Part 4
中央会と経済、信用・共済事業

〈中央会〉
1．「中央会制度廃止」の理由
　　── 中央会は総合ＪＡの要

　中央会制度の問題は、2014（平成26）年に入って、降って湧いてきたように「規制改革会議」から提言された。「規制改革実施計画」では「中央会制度から新たな制度への移行」となっていたが、結局は政府の思惑通り中央会制度は廃止されることになった。中央会制度は、農協・連合会の経営危機に対処するため、1954（昭和29）年に農協法に位置づけられた。目的は組合の健全な発達であり、①組織・事業及び経営の指導、②監査、③教育及び情報の提供、④連絡・紛争の調停、⑤調査・研究、⑥行政庁への建議などの事業を行うこと、また、そのための賦課金徴収権などが農協法73条で規定されていた。

　中央会制度の廃止は、今次ＪＡ改革の最大の焦点であり、農協法もその通りに改正された。法改正によって、旧農協法73条の中央会規定は全面削除され、全中は一般社団法人に、都道府県中央会は連合会に移行することになった。「中央会制度廃止」の表向きの理由は、ＪＡの自主性を妨げる全国一律の経営指導はもはや不要などとなっているが、本当の理由はどこにあるのか。中央会は、不正事件の防止・コンプライアンスの確立などについては一律の指導を行っているが、支店重視の経営など、肝心な今後の経営政策の展開方向等の指導については、極めて不十分な状況にある。

　にもかかわらず、政府が中央会潰しに躍起になるのはなぜなのか。それ

は、TPP交渉反対などの政治活動を抑えるためという理由のほかに、基本的には中央会が総合ＪＡの指導機関であることにある。繰り返し述べるように、政府は農業の担い手確保や企業的農家の育成のためにはＪＡが農業専門的運営に転換することが必要で、また協同組合による運営は非効率と考えている。

　これに対して、ＪＡは総合事業を行うことで農業者・農家・地域住民など組合員の多様なニーズに応えており、その方法は協同の力によっている。このため、こうした総合ＪＡを指導する中央会は、相入れない組織と考えられている。同じＪＡの指導機関であるにもかかわらず、都府県中央会は連合会で全中は一般社団法人というのは、どう考えても理屈に合わない措置であるが、ここに全中の力を削ぎ、中央会全体の力を無力化する政府の意図がよく表れている。総合ＪＡを解体するには、中央会の解体がもっとも手っ取り早い方法だからである。

２．代表・総合調整機能

　ＪＡの代表・総合調整機能をどうするかは、今回農協法改正の大きな論点の一つであった。結果は全中が一般社団法人としてその機能を果たす旨、農協法の附則に規定されることになった。農協法で規定されるかどうかは別にして、679ＪＡの意志をまとめていく全中のような組織は不可欠な存在であるが、問題はその内容である。

　「自己改革方策」の内容は、全中は自らの組織維持に力を削がれ、肝心な農業振興の抜本策やＪＡ組織・事業のあり方については、それぞれが事業連任せとなり明確な方策を打ち出すことができなかった。全中が総合調整・代表機能を果たすこととは、単位ＪＡの意見を基本に、大所高所からＪＡグループの総意をまとめ、内外にそれを表明することであり、決して事業連がまとめた内容をホッチキスで止め、前文をつけることではない。

　全中に期待されるものは、基本的にはそのようなものではなく、いずれもその時代におけるＪＡ運動のターニングポイントを画する重大案件ばかりである。今回の「自己改革方策」は，旧農協法73条のもとでさえ、全中

がそのような機能を果たしたとは到底思えない。これまで、全中はＪＡ合併や組織２段階化への組織整備など、意見の割れる重要案件はいずれも農水省の後ろ盾（水戸黄門の印籠）をもって推進してきた。今後一般社団法人になった全中は、代表・総合調整機能を果たすのに多くの困難がともなうだろうが、それを克服するのは単位ＪＡの力であり、自立ＪＡの確立が何としても重要になる。全中は単位ＪＡの後ろ盾をもって、はじめてその機能を発揮することができる存在だからだ。

　また困難な課題については、論点や争点を明らかにした活発な議論が必要だ。今回の「自己改革方策」の最大の欠陥は、政府提案についての分析や論点整理が行われず、ひたすら全中の存続、内向きのＪＡ組織の取り組みが主張されるにとどまり、多くの人にとって一体何が起こっているのかわからないという事態を招いた。争点・論点が明らかにされないため、国民はもとより組合員やＪＡにおいてさえ議論が巻き起こされなかったことは最悪であり、政府提案を逆手にとって自らの存在を主張する機会として生かすことができなかった。ひたすら組織防衛を唱えるだけでは外部からは組織エゴとしか見られない。

　とりわけ対外広報については、「中央会監査は協同組合監査として、そもそも公認会計士監査とは違う監査目的を持つものである」とか、「協同組合運営は会社的運営に比べてこのような優位性・社会的役割がある」とか、「農業振興の革新事例」などについて、一般朝刊紙等を通じてなぜ国民に対してわかりやすく主張しなかったのか。

　組織が存亡の危機にあるにもかかわらず終始内向きの対応をとったことは、解体阻止戦略における最大の失敗といわざるを得ない。ＪＡが自らの主張を行うとかえって世間の反発（ＪＡ批判）を招くなどの判断があったようであるが、そのような卑屈な態度では到底、運動を優位に展開することはできない。

　また、対外広報の際にはその経費が常に問題とされるが、これは何としても克服すべき課題だろう。TPP反対の対外広報にも同様なことがいえるが、この課題解決も代表・総合調整機能発揮の重要機能の一つだ。

3．JAの公認会計士監査の義務づけとJA全国監査機構の外出し
― 求められる中央会監査の独自性の発揮

　農協法改正の大きな焦点であった中央会監査は、中央会制度の廃止に合わせて大きく変容することになった。最も大きな違いは、基本的にこれまでJAの監査が中央会監査であったものが、これからは公認会計士監査に変わることである。これにともない現在のJA全国監査機構は公認会計士法に基づく監査法人に移行する。

　中央会の指導機能は、JA監査と一体のものであり、中央会はJA監査を行うことで、JAに対する経営などの指導機能を果たすことができてきた。JA監査が公認会計士監査に移行することによって、中央会の指導機能は著しく低下もしくは変化することは確実である。

　政府のJA監査に対する考え方は、JAが信用事業を行っており、すべてのJA（一定の貯金量に達しないJAを除く）に公認会士監査を受けさせることが適切とするものである。そこには、中央会監査は公認会計士監査に比べて社会的な信用度が低いという偏見があり、中央会監査が会計監査と業務監査が一体となった協同組合監査であるという認識を持ちたくないという考えが根底にある。

　前述のように、全中は中央会監査を死守するために、中央会監査の特質は、会計監査と合わせて業務監査を行うことにあると主張してきた。だが、公認会計監査と中央会監査の基本的な違いは、前者が不特定多数の投資家が会社に投資を行うにあたっての判断材料の提供のために行われるのに対して、後者は特定の組合員に対して、いかにそのニーズを満たすための活動を行っているかを見るために行うところにある。つまり、そもそも公認会士監査と協同組合監査たる中央会監査はその目的が違う。会社と異なる組織の運営原理を持つ協同組合に対して会社を対象とする公認会計士監査を導入すること自体、協同組合を認めようとしない偏見のなせるワザと言っていい。

　いずれにしても、今後基本的にJA監査は全面的に公認会士監査にとって代わられることになり、従来の中央会監査は業務監査に特化し、なおか

つ、その監査を受けるかどうかはＪＡの選択制になる。したがって、前述したように、今後中央会監査は業務監査として、いかにその独自性・特色を出して行けるかにかかっている。

４．中央会制度廃止の影響と今後の対応
　― 中央会の体制整備と期待される自立ＪＡの自覚と支援

　全中の一般社団法人化について、全中の総合調整・代表機能については農協法上の附則として位置づけられたし、監査機能も外出しされたに過ぎず従前どおりの機能発揮が可能というのは、自分勝手であまりにのんきな楽観論である。

　農協法73条に規定されていた中央会制度は、全中と都道府県中央会は経営体としては別組織とはいえ、一体の組織であり、前に述べた経営指導、監査、教育・情報提供、行政庁への建議などの機能を事実上、一つの組織として役割を果たしてきた。今回の全中の一般社団法人化と都道府県中央会の連合会化は意図的に両者を分断するものであり、制度の廃止により、今後中央会の機能は著しく低下して行くことは確実である。

　とくに全中については、一般社団法人となり、これまでのほとんどすべての法律上の機能を失うことになった。農協法の附則に一般社団法人として全中の代表・総合調整機能が規定されたといっても、もともと組織にとって代表・総合調整機能は必要なものである。重要なのはこの機能を果すためには、農政活動や３年に一度のＪＡ全国大会の事務局機能を持つことでは足りず、これまで行ってきた中央会の指導事業機能を日常的に十全に果していくことが前提になるということである。このため、必要な事業を付帯事業として明定していくことが重要である。

　新たな制度移行にともなって、一般社団法人のもとでの全中と連合会たる都道府県中央会が一体となって機能発揮ができるよう新たな仕組み・体制を早急に検討・整備する必要がある。主要検討分野は、経営―営農・生活活動を含む・監査―（全国監査法人）、教育・広報―（家の光・新聞連）、農政―（農政協）などが考えらようが、とりわけカッコ内の中央会関連団

体との機能分担・連携のあり方は大きな焦点になろう。なぜなら、今後の中央会の機能発揮を考える上で、事業実体を持たない中央会はサロン化し、有名無実の存在になるからだ。

　なお、「自己改革方策」では、中央会の機能を、①経営相談・監査機能、②代表機能、③総合調整機能の三つに集約・重点化するとしているが、この認識には大きな疑問が残る。一つはこのなかに、教育機能が除かれていることだ。前に述べたように、教育活動は協同組合活動とほぼ同義の意味を持つ。協同組合にとって教育事業は、ワン・オブ・ゼム（多くの事業のなかの一つ）の取り組みではなく、教育機能の発揮によってはじめて、ＪＡは代表・総合調整機能を発揮することができるからだ。

　また、経営指導が経営相談に矮小化されていることは、何としても見直される必要がある。協同組合が社会で役割を果たすのは、協同組合としての独自の経営方法をとるからであり、協同組合経営の研究・指導は、ＪＡの生命線である。「協同組合原則」は、協同組合の思想・信条を表すものであると同時に、協同組合の運営方法・経営のあり方を示すものであることを忘れるべきではない。この点、中央会の総合調整機能は、組合相互間の総合調整だけでなく、ＪＡの立場に立ったタテ割りを排する事業間の調整こそが重要であると考えるべきである。

　ＪＡは経営指導の機能を果たすことによって、はじめて代表・総合調整機能を発揮することができるのであって、これは教育事業と同様である。経営指導は実際のＪＡの経営のなかで、さらには教育・研修の中に生かされることで、はじめて、その機能を十全に発揮することができる。

　今回の法改正によって、都道府県中央会（連合会）は、①組合の組織、事業、及び経営に関する相談、②監査、③組合の意見の代表、④組合相互間の総合調整、⑤これらの事業の附帯事業を行うことができる旨規定された。ここで規定された①、②、③、④の主要事業は、全中が示した「自己改革方策」における中央会の集約・重点化事業を参考にしたものであるが、この主要事業のみで中央会の機能を発揮することはできない。全中・県中は農政・広報活動などとともに経営指導と教育機能を付帯事業として明確に位置づけ、全中・県中一体となった事業活動を展開して行くことが重要

である。中央会には、解体的出直しではなく、文字通り解体からの出直しが求められている。

一方、こうした状況の中で求められるのは、中央会の指導に頼らない自立ＪＡ確立の自覚であり、自立ＪＡによる事業タテ割りを排する中央会サポート体制の確立である。

〈経済事業〉
１．株式会社へ移行できる法改正の意味
— 内外に反対の意思表示を

「規制改革実施計画」では、「全農・経済連が経済界との連携を連携先と対等の組織体制のもとで、迅速かつ自由に行えるよう、農協出資の株式会社に転換することを可能とするために必要な法律上の措置を講じる」と説明しており、今回、農協法第４章（組織変更）、第１節（株式会社への組織変更）の規定の新設により、全農の株式会社化が可能となった。

この改正はどのような意味を持っているのか。法改正についての農水省の説明は、「今回のＪＡ改革の焦点は中央会制度であり、株式会社への移行はＪＡの自由選択だから問題はない」という不可解なものであった。この説明は、ＪＡグループ関係者には、「今回は中央会問題が焦点だから何も心配はいらない」という一種の安心感を与えるものだが、そうだとすれば、そのようなどうでもいい法改正をどうして行ったのか。

わざわざ法改正を行うには、それなりの意味があると理解するのが常識的な判断だろう。株式会社への移行が可能となる法改正が行われたのに、なぜ株式会社にしないのかという行政指導が行われるのは当然としても、本当のねらいは別なところにあるように思われる。それは、この法律改正によって、次なるねらいとして農林中金・共済連が株式会社へ移行できる法律改正を行うことがあるのだろう。

農林中金・共済連が株式会社に移行できる法律改正が行われれば、とくに信用事業は、「事業の公共性」、「預金者保護」などの大義名分のもとに、事業譲渡などを進めながら時期をみて一気に株式会社への移行が意図され

るとみていいのではないか。

　このように考えれば、全農の株式会社転換法を一過性のもとして軽視するのではなく、総合ＪＡ解体の一環としてとらえて対応していくことが重要であり、この問題を一人全農だけの問題とすべきではない。全農は、資金の確保や事業提携などのために、わざわざ株式会社化を行う意味がないとしているが、もともとこの問題は、全面的に、全農に検討を委ねるものではない。株式会社化の問題は本来的にＪＡの問題であり、全中の総合審議会のなかで、農林中金や共済連の株式会社化の問題などとの関連のもとに、ＪＡの立場から分析・検討すべきことである。

２．株式会社化の意味①
　　─　ＪＡにとって余計なお世話

　このような重大な問題を持つのが、全農の株式会社移行の法改正であるが、全農の株式会社化とは一体どのような意味を持つのか、この機会にＪＡとしてよく考えておくことが重要である。そこでこの問題を、二つの側面から考えてみる。

　第一には、そもそも協同組合と会社は別の原理・原則で動いているという認識の欠如である。「規制改革会議」では、全農は資材価格が高い、販売努力が足りないことを理由に株式会社への移行を説明するが、この議論は根本的に間違っている。全農の資材価格が高ければ、組合員は購買品を買わなければ良いし、農産物が高く売れなければ全農に出荷しなければいいのであり、そうしたことが続けば全農はその事業分野で他企業との競争に敗れ事業継続が難しくなる。それが自由主義経済の原則というものだ。

　今の時代、ＪＡが強制力をもって組合員に販売や購買を強要することはできない。にもかかわらず何故をもって全農は株式会社に移行しなければならないのか。全くもって余計なお世話というべきだ。協同組合と会社はもともと違う制度設計のもとにつくられており、どちらが優れているかの比較検討の対象には馴染まない。協同組合組織と会社組織が互いに自らの存在を認め合い主張すべきは主張し、それぞれの良さを取り入れ、また欠

点を補強することによってこそ、組合員もしくは顧客のニーズに応えることができる。

3．株式会社化の意味②
― 他人事ではない会社化

　第二にはこの問題が何を意味しているかということである。ＪＡからは今でも、「全農は非効率だから株式会社になってもよい」、「全農の株式会社化のことは全農のことでＪＡには関係がない」、「会社になってもＪＡ出資の会社だからＪＡが会社をコントロールできるのではないか」などという、まったく他人事で見当違いの楽観論が出されている。

　まず、「全農の会社化はＪＡと関係がない」というのは、完全な思い違いである。政府提案は全農に代わる全国一社の全農商事会社をイメージしており、ＪＡは販売事業を除いて全農商事会社の持ち株組合になることを意味している。ＪＡに関係がないどころか、ＪＡの購買事業は、全農を本社とする全国一社の商事会社のもとに展開されることになる。Plan・Do・Seeの経営の基本は全農株式会社（本社）に移り、当然、ＪＡのヒト・モノ・カネの経営資源も全国一社の全農株式会社のものとなる。また、ＪＡ職員は、全農株式会社への身分移籍か出向ということになる。

　こうした全国一社の株式会社化の方向は、全農に限らず、農林中金や共済連にも共通するものだ。このような組織形態にした場合、ＪＡ出資の会社だからといってＪＡが全農株式会社をコントロールすることは不可能である。それどころか、ＪＡが行う肝心な組合員の協同活動を否定し、協同組合の優位性を削ぎ落すのが全農の会社化の目的なのである。

　ＪＡが支配する全国一社の株式会社を想定することは何やら魅力的のように思われるが、協同組合というやり方で今日の地位を築いてきたＪＡは、会社化によってそのすべてを失うことになることは確実である。ＪＡおよびＪＡグループは、すでに事実上、会社組織に対抗する組合員を主人公にした、ＪＡ―連合組織という「全国一つの協同組合組織体」をつくりあげており、その組織運営の優位性を発揮してこそ、助けあいの社会的存在と

しての役割を果たすことができる。

JAは本来すべての事業機能を持っており、合理的な機能分担を行う組織として二次組織（補完組織）としての連合会を組織している。会社化によって、連合組織がJAを支配するようになることは本末転倒である。

また、全農を本社とする経済事業の株式会社化にはもう一つの大きな問題があり、実現は事実上不可能といっていい。それは、単位JAの段階で経済事業は多くの場合赤字であることだ。「規制改革実施計画」では信用・共済事業の支店や代理店化によってJAが経済事業に注力できるようにし、本店たる農林中金や全共連から経済事業の赤字補てんをすればよいと考えられているが、後に述べるようにそのような都合のよいことにはならないだろう。

こうした事情から、会社化によって、全農は全国のJAの経済事業の赤字を背負うことになる。経営は火だるまとなり、この結果、全農は多くの事業取扱分野から撤退を余儀なくされることになる。組合員はそのようなことは望んでいないだろう。

今回の法改正で、経済事業について、JAの選択により会社化の選択を行うことができるようになったが、以上の理由により会社化は極めて困難である。否、会社化しようにもできない相談なのだ。この点、信用・共済事業はJA段階で何れも収益部門である。このため、この部門の会社化・事業分離はその気になればいくらでも可能である。このことは、今後のJAの組織再編について考えておかなければならない重要なポイントである。

JAの「自己改革方策」では、「全農の株式会社化は組織形態の重大な変更であるため会員総代の合意形成が前提」であるとか、「独禁法の適用除外が外れた時の事業の影響も引き続き検討」などとなっているが、そんな曖昧で悠長なことをいっている問題ではないのだ。

さらに、会社化にあたって、独占禁止法適用除外の問題が話題になるが、これは当面、基本的な問題にはならないだろう。全農・農林中金・共済連などが全国一社経営になれば、JAと連合組織の間での独禁法適用除外の問題はなくなり、全国会社と組合員の問題となる。仮に、ねらい通りに全国一社経営が実現すれば、政府はJA出資の株式会社は協同組合と変わら

ないという理屈をつけて、全国会社と組合員の関係を独禁法の適用除外にすると考えられる。もちろんその先には、協同組合といえども、会社なのだから独禁法の適用除外をはずせという世論が待ち受けていることは容易に想像できる。

また、こうした株式会社の方向が経済事業を行っている全農から検討されていることにも注目すべきである。肥料・農薬・飼料・燃料・農業機械・生活用品など多様な品目を扱う経済事業は、信用・共済事業に比べてＪＡと連合組織の間の機能分担が複雑で労働条件も異なる。こうした事情を反映して全農にはすでに100社を超える協同会社（全農が過半の株式を持つ子会社）がある。

そこで、政府は会社化の検討を全農からはじめ、これを手はじめとして、機能分担が簡単な農林中金・共済連に一挙に広げていく作戦と考えられる。前述のように、政府の考え方は、実は全農の会社化のことはさておき、敵は本能寺、つまりＪＡからの信用・共済事業の分離・会社化こそが本当のねらいとみていいだろう。そうした意味では、経済事業の会社化はＪＡの選択制であり、ＪＡがその方向をとらなければ何ら問題はないといった楽観論は排すべきで、本丸である信共分離阻止はこれからという覚悟が必要である。

それにしてもＪＡ事業の会社化の問題はどのようなことを意味し、何が問題で、ＪＡはどのような対応を行わなければならないか、もっと開かれた議論が必要である。会社化に限らず、ＪＡ段階、まして組合員の段階でＪＡ改革と称して一体何が起こっているのか全くわからないような状況では、とても正常で民主的なＪＡ運動の姿とはいえない。

〈信用・共済事業〉
1．信用・共済事業の分離について
　　― 専門性の誤謬と収益部門の切り捨て

政府提案のように、ＪＡの事業を事業別の全国一社経営にすれば、当然ＪＡの信用・共済事業は経済事業から分離される。ＪＡから信用・共済事

業が分離されれば経営が成り立たなくなり、ＪＡは確実に崩壊する。現在のＪＡ経営は、平均的に見れば営農指導・経済事業の赤字を信用・共済事業の収益で補てんすることで成り立っている。

　また、単位ＪＡは組合員の協同活動をもとに、経済事業を中心に信用・共済事業など他の事業が有機的に結びつくことで成り立っている。事業別の全国一社経営はそれぞれの事業の効率化を招き、その方が利用者のためになるという考え方は、当たっている面もあるが、もう一方で「専門性の誤謬」ともいうべき破滅的な事態を引き起こす。

　政府は、信用・共済事業の収益を経済事業の赤字補てんに充てることを問題視しているわけではない、それぞれの事業を効率化して農業振興に充てればいいのではないかという認識のようであるが、これは完全に間違った一般論である。株式会社化によって、単位ＪＡの段階で組合員の協同活動ができなくなり、各事業の連携が取れなくなれば、ＪＡ事業は先細りになることは確実であり、信用・共済事業会社からの赤字補てんをあてにすることなど夢のまた夢になるだろう。

　現に郵政事業は郵便・郵貯・簡易保険の三分割により、郵便配達のついでに貯金や保険を集めるという卓越したビジネスモデルを破壊され、この結果、郵貯はピーク時に比べて90兆円近く貯金残高を減らした。これがＪＡであれば、そのほとんどが倒産状態になるだろう。

　農林中金・全共連を本店、ＪＡをその支店・代理店にしてＪＡの信用・共済事業の負担を軽くし営農・経済事業に注心させ農業振興をはかるなどの説明が行われているが、そのような発想はどこから出てくるのだろうか。信用事業が分離されれば、農業関連投資は効率性のみの基準で厳しく査定され、農業は益々疲弊することになるだろう。農林中金は貯金が90兆円を超え、共済連は300兆円におよぶ長期共済保有高を誇るいずれも全国有数のビッグ企業であるが、これはＪＡが組合員の協同活動をもとに、経済事業を中心とした総合事業として日々事業努力を重ねてきた結果である。

　ＪＡを農林中金・全共連の支店・代理店にするなどという安易な考えで、こうした実績を上げることができないことなど、誰が考えても明らかだろう。このような見当違いのことをやれば、信用・共済事業の急落を招き、

営農・経済事業の支援どころかJA経営そのものが成り立たなくなる。系統の信用事業を全国一つの金融機関とみなすJAバンクシステムは、総合事業を基礎としたJA信用事業の支援・補完システムとして機能することではじめて意義ある存在なのである。

また、共済事業についてはJAと連合組織の機能分担が明確であり、すでに協同組合として全国一つの組織として機能しており、今更これを会社組織に変更することは意味がなく、無理に会社組織にすれば協同組合としての運営の優位性をすべて失うだけでのことである。

２．信用事業の事業譲渡について
― 今後のJA改革の主役に

以上のような信用・共済事業分離の発想のもとに進められているのが、JA信用事業の農林中金・信連への事業譲渡である。「規制改革実施計画」では、JAの経済事業の機能強化と役割・責任の最適化をはかる観点から、また信用事業に関して不要なリスクや事務負担の軽減をはかるため、JAバンク法に規定されている方式（JA信用事業の農林中金・信連への事業譲渡）の活用推進をはかるとしている。あわせて農林中金・信連は、事業譲渡を行うJAに対して農林中金・信連の支店・代理店を設置する場合の事業のやり方、およびJAに支払う手数料等の水準を早急に示すとしている（農林中金・信連への事業譲渡はすでにJAバンク法で措置済みということで、今回の農協法改正の対象とはならなかった）。

そもそも、事業譲渡とは、事業譲渡する側が譲渡先に対して、資産・負債等の財産および一切の経営権を譲り渡すものであり、譲渡する側がよほど窮地に陥るか、よほど好条件をうるかの究極の選択を行う場合に限られる。このことを考えれば、現状の経営状況から、JAが事業譲渡する理由は全く考えられない。したがって、事業譲渡をさせる理由は別にある。

その理由は、前述のように、信用事業に関して不要なリスクや事務負担の軽減を行うことによって、JAの経済事業の強化をはかるというものであるが、そのようなことで農業振興がはかられるはずはなく、収益部門を

とられたＪＡは破たんの窮地に立たされるだけだ。

　そもそも信用事業の事業譲渡は、2001（平成13）年のＪＡバンク法によって決められたもので、この法律が決められた際の事業譲渡は、ＪＡの経営不振対策の一環としたもので、少なくとも今回のような組織再編を前提としたものではない。それが、いつの間にか将来の信用事業分離・株式会社化の方向をめざす対策の有力な手段にすり替えられている。

　また、事業譲渡を行うのは、今のところＪＡの選択制になっており、それも貸出などの事業ごと、もしくは支店単位などで行うとしているが、いずれその先には、貯金量〇〇円以下は強制的に事業譲渡させる外形標準が取り入れられるだろうことは想像に難くない。事業譲渡を受ける方の農林中金・信連からみれば、ＪＡの都合の悪い部分だけ事業譲渡を受ければ、自らの経営が困難になるからであり、このような理屈は誰にでもわかることである。

　外形標準が設けられる際には、ＪＡバンクシステムは金融機関として預金者保護が重要という大義名分が声高に唱えられ、ＪＡは事業譲渡せざるを得ない立場に追い込まれていくことになる。こうした事業譲渡の考えの背景には、ＪＡの信用事業が協同組合金融であるという発想などどこにもなく協同組合はただ遅れた組織であるという偏見がある。しかし、系統信用事業は本来、組合員による協同組合金融として独自の領域・役割を持つものであり、前にも述べたようにリーマンショックなどの金融危機に優れた対応能力を持っている。

　ＪＡ信用事業の農林中金・信連への事業譲渡は、ＪＡが地域に根ざした協同組合であり総合事業体であることを根底から否定する考えに立つものである。ＪＡは自らが地域密着の協同組合組織であることを自覚して、経営不振対策としては、これまで連合組織への事業譲渡（タテの統合）ではなく、合併というヨコの統合を進めてきた。したがって、ＪＡはどのような些細なことでも安易にこの道を選択するべきではない。

　そこまでいうなら、とりあえず面倒なこの部分は事業譲渡しておけといっていったＪＡの自立心のない、良いとこ取りの経営姿勢は自らの墓穴を掘ることになる。ＪＡおよびＪＡグループは、組織再編のための事業譲渡

はJAとしてとるべき道ではないことを内外にきっぱりと表明すべきである。「自己改革方策」で、事業譲渡の方向を容認する、選択肢の一つとしての「代理店モデル」の基本スキームの提示が示されているのは、自ら白旗を掲げているようなものである。事業譲渡は、JA・農林中金にとって、ともにためにならないもので、進めない方がいい。

ところで、信用・共済事業にかかるJA出資の株式会社については、金融行政との調整を経たうえで検討することになっている。このことに関して、あたり前のことであるが、株式会社との間には、JAの信用事業は、メンバーシップによる協同組合金融であり、共済事業は、同じく株式会社形態の保険ではなく、共済である（加えて、JA共済は、生損保兼営可能）という基本的な違いがある。

協同組合金融として、また保険ではなく共済として、すでに社会的に大きな役割を果たしてきているJAの信用・共済事業を、何故をもって、わざわざ株式会社に転換しなければならないか、その説明は不可能に近いのではないか。そこで、かねてから狙いを定めていた、信用事業の事業譲渡について、今後JAは、本格的にその実施を迫られる可能性が高い。前述のように、事業譲渡は、信用事業に関する不要なリスク排除や事務負担の軽減による経済事業の強化のため、などとなっているが、実際のところは会社と同じ発想の預金者保護が優先され、JA経営は大きく悪化することは間違いない。

「Part2」で、政府のグランドデザインに対峙するJAのグランドデザインを早急に策定すべきと述べたが、これは喫緊の課題として認識すべきである。すでに述べたように、改正法では、附則第51条で、改革に関する実施状況の進捗管理と、その結果に基づいて、制度改正を含む、さらなる改善措置の実施が規定されており、農水省のさじ加減で、JA改革の進捗状況を、どのようにでも判断できるようになっている。当然のこと、信用事業の事業譲渡は、真っ先にその対象にされよう。

全中は、JA改革について、JA自らのグランドデザインを早急に策定し、国民にその内容を明らかにするとともに、農水大臣にも自らの立場をしっかり説明しておくことが重要である。もちろん、国会はじめ地方議員、行

政の首長などにも理解を求めていくことは当然である。JAグループは、今次JA改革・法改正を通じて、国家権力が本気になれば、その意図するところはどのようなことでも可能になることは、骨身にしみてわかったはずである。これに対抗するには、民意を結集すること以外に方法はない。

　農水省のJA改革に関する方針について、これまでのように、自分のことは自分で決めるから政府は口出しするなという自分勝手な態度を取りつつ、一方で判断すべきことに、曖昧な態度を取り続ければ、気がつけば取り返しのつかない、重大被害を蒙っていたとなることは、間違いない。守るべきは守り、改善すべきは改善することを明確にしなければ、組織は崩壊する。

福間莞爾（ふくま　かんじ）

1943年生まれ。元㈶協同組合経営研究所理事長。農業経済学博士。

〈著書〉
* 『転機に立つＪＡ改革』㈶協同組合経営研究所2006年
* 『なぜ総合ＪＡでなければならないか―21世紀型協同組合への道』全国協同出版2007年
* 『現代ＪＡ論―先端を行くビジネスモデル』全国協同出版2009年
* 『信用・共済分離論を排す―総合ＪＡ100年モデルの検証と活用』日本農業新聞2010年
* 『これからの総合ＪＡを考える―その理念・特質と運営方法』家の光協会2011年
* 『ＪＡ新協同組合ガイドブック』〈組織編〉全国共同出版2012年
* 『新ＪＡ改革ガイドブック―自立ＪＡの確立』全国共同出版2014年
* 『「規制改革会議」ＪＡ解体論への反論―世界が認めた日本の総合ＪＡ―』全国共同出版2015年

〈インタビュー集〉
* 『変革期におけるリーダーシップ』（協同組合トップインタビュー）㈶協同組合経営研究所2005年

〈現住所〉
〒335-0022　埼玉県戸田市上戸田3-8-18-902
携帯電話：090(2331)9716　ファックス：048(433)0879
電子メール：k.fukuma@sepia.plala.or.jp

「農協法改正」への対応　総合JAの針路
―新ビジョンの確立と開かれた運動展開―

2015年8月1日　第1版第1刷発行
2015年10月1日　第1版第2刷発行

著　者　福　間　莞　爾
発行者　尾　中　隆　夫
発行所　全国共同出版株式会社

〒160-0011　東京都新宿区若葉1-10-32
電話 03(3359)4811 FAX 03(3358)6174

印刷所　新灯印刷株式会社

ⓒ2015　Kanji Fukuma　　　　　Printed in Japan
本書を無断で複写（コピー）することは、著作権法上認められている場合を除き、禁じられています。